Pauline Hubert

Effets de l'urbanisation sur une population de hérissons européens

Pauline Hubert

Effets de l'urbanisation sur une population de hérissons européens

Presses Académiques Francophones

Impressum / Mentions légales
Bibliografische Information der Deutschen Nationalbibliothek: Die Deutsche Nationalbibliothek verzeichnet diese Publikation in der Deutschen Nationalbibliografie; detaillierte bibliografische Daten sind im Internet über http://dnb.d-nb.de abrufbar.
Alle in diesem Buch genannten Marken und Produktnamen unterliegen warenzeichen-, marken- oder patentrechtlichem Schutz bzw. sind Warenzeichen oder eingetragene Warenzeichen der jeweiligen Inhaber. Die Wiedergabe von Marken, Produktnamen, Gebrauchsnamen, Handelsnamen, Warenbezeichnungen u.s.w. in diesem Werk berechtigt auch ohne besondere Kennzeichnung nicht zu der Annahme, dass solche Namen im Sinne der Warenzeichen- und Markenschutzgesetzgebung als frei zu betrachten wären und daher von jedermann benutzt werden dürften.

Information bibliographique publiée par la Deutsche Nationalbibliothek: La Deutsche Nationalbibliothek inscrit cette publication à la Deutsche Nationalbibliografie; des données bibliographiques détaillées sont disponibles sur internet à l'adresse http://dnb.d-nb.de.
Toutes marques et noms de produits mentionnés dans ce livre demeurent sous la protection des marques, des marques déposées et des brevets, et sont des marques ou des marques déposées de leurs détenteurs respectifs. L'utilisation des marques, noms de produits, noms communs, noms commerciaux, descriptions de produits, etc, même sans qu'ils soient mentionnés de façon particulière dans ce livre ne signifie en aucune façon que ces noms peuvent être utilisés sans restriction à l'égard de la législation pour la protection des marques et des marques déposées et pourraient donc être utilisés par quiconque.

Coverbild / Photo de couverture: www.ingimage.com

Verlag / Editeur:
Presses Académiques Francophones
ist ein Imprint der / est une marque déposée de
OmniScriptum GmbH & Co. KG
Heinrich-Böcking-Str. 6-8, 66121 Saarbrücken, Deutschland / Allemagne
Email: info@presses-academiques.com

Herstellung: siehe letzte Seite /
Impression: voir la dernière page
ISBN: 978-3-8381-4393-4

Copyright / Droit d'auteur © 2014 OmniScriptum GmbH & Co. KG
Alle Rechte vorbehalten. / Tous droits réservés. Saarbrücken 2014

REMERCIEMENTS

A l'issue de la rédaction de ce manuscrit, je suis convaincue que la thèse est loin d'être un travail solitaire. Cette étude a en effet impliqué l'intervention de nombreuses personnes qui m'ont permis de progresser dans cette phase délicate de «l'apprenti chercheur». Mes remerciements les plus sincères vont donc vers tous les acteurs de ce projet qui ont, à un moment ou un autre, contribué à la réalisation de ce mémoire.

En premier lieu, mes remerciements les plus sincères vont vers Marie-Lazarine Poulle et Romain Julliard qui ont co-encadré ce travail. Merci Marie, tous les échanges et discussions que nous avons eus sur les divers aspects de cette thèse m'ont permis de progresser et d'évoluer dans le monde de la recherche. Ton aide a été inestimable et cette formation acquise à tes côtés me servira, j'en suis sûre, tout au long de ma carrière, quelle qu'elle soit. Romain, merci infiniment d'avoir rendu possible le dialogue avec les divers jeux de données et le langage statistique. Merci pour ton investissement dans cette étude mammalienne, de tes conseils et de ton accueil dans les locaux déjà bien remplis du CRBPO.

Je remercie également Rémi Helder, pour son accueil au sein du 2C2A-CERFE, dans cette équipe de recherche inimitable mais aussi pour sa ferveur à défendre nos Ardennes, elles en valent la peine! Je remercie également le professeur Sylvie Biagianti, de m'avoir permis d'être rattachée au laboratoire d'Éco-toxicologie de l'Université de Reims Champagne-Ardenne au cours de ces trois années de travail.

Je tiens également à apporter toute ma reconnaissance aux rapporteurs et aux examinateurs de ce manuscrit, merci au Pr. Philippe Clergeau, au Dr. Emanuelle Gilot-Fromont et au Dr. Jean Patrice Robin.

Cette étude a bénéficié du soutien financier apporté par la Communauté de Communes de l'Argonne Ardennaise, par la Région Champagne-Ardenne, le Conseil général des Ardennes, le Muséum National d'Histoire Naturelle, la municipalité de la ville de Sedan, ainsi que les magasins E.LECLERC.

Toute ma gratitude se dirige également vers Le Dr. Hélène Gachot-Neveu, qui a aiguisé, depuis le DEA, mon intérêt pour les études génétiques et qui m'a accueillie une nouvelle fois au sein de son laboratoire. Je vous suis particulièrement reconnaissante du soutien et de la patience dont vous avez fait preuve, mais aussi du temps que vous avez consacré à l'ADN de hérisson (ou de blaireau!).

Le Dr. Michel Saboureau a été un soutien et une aide précieuse tout au long de la thèse, et particulièrement dans les moments où j'en avais le plus besoin. Merci aussi d'avoir partagé vos connaissances du hérisson, que ce soit dans un bureau ou même sur le terrain.

Florent, merci de ton aide précieuse apportée lors de la recherche des hérissons, nous avons pu constater ensemble à quel point les hérissons sont des animaux surprenants et encore bien mystérieux. Les "nuits hérisson" n'auraient sans doute pas pu se dérouler dans une meilleure entente, et si efficacement (sauf peut-être sans la pluie et le vent...). J'ai également une pensée toute particulière pour Émilien et Nicolas, qui étaient souvent présents lors des nuits d'été, ces sorties me laisseront de nombreux souvenirs et anecdotes impérissables.

Je remercie également les nombreuses personnes qui sont venues participer occasionnellement aux sorties de terrain, pour découvrir et comprendre l'objet de mon étude. Merci aussi aux habitants de la ville de Sedan qui se sont intéressés et investis dans cette étude, notamment Mr et Mme Sennet qui ont laissé libre accès à leur jardin, et m'ont toujours prévenus de leurs observations. Je tiens également à exprimer ma reconnaissance à Nicolas Lenartowski, photographe nature, pour avoir mis à ma disposition les différents clichés de hérisson qu'il a pu prendre lors de ses reportages et lors de sa visite dans les Ardennes. Enfin, merci à l'association météorologique des Ardennes pour m'avoir transmis les données journalières de température et pluviométrie de l'année 2006 et 2007.

J'ai bien sûr une pensée émue pour les doctorants, docteurs et "électrons libres" du 2C2A-CERFE. Merci pour votre bonne humeur, votre soutien, votre aide sans condition, et aussi pour les apéros en tout genre. Un merci particulier à Carole, Marina, Estelle, Julian et Thomas pour leurs coups de main qui tombent toujours à pic! Je n'oublie pas également Xavier, Carole, Thomas, Maud, Cécile et tous les "anciens cerfois et cerfoises". Merci aussi à Kévin qui m'a fait économiser de précieuses heures en me donnant un coup de main sur ArcView.

Ces remerciements seraient incomplets si j'oubliais ici le tendre soutien de mes parents et de ma soeur Jane, toujours là pour mon moral, pour des relectures de documents, ou même pour aller chercher des échantillons de hérisson sur le terrain. Que toute ma famille et amis trouvent aussi ici le témoignage de ma gratitude pour les encouragements qu'ils m'ont apporté tout au long de ces années d'études, avec une pensée particulière pour ma p'tite Lulu.

Enfin, il me reste à remercier mon Nico qui a été d'une patience et d'un soutien inestimables tout au long de ces années d'étude. Merci d'avoir supporté mon mode de vie nocturne, puis de laborantine, puis de femme de bureau surbookée sans jamais ne rien me reprocher, et au contraire, en ne cessant de m'encourager.

SOMMAIRE

REMERCIEMENTS 3
LISTE DES FIGURES 9
LISTE DES TABLEAUX 10

I. INTRODUCTION GÉNÉRALE 11

I.1 L'urbanisation, une modification rapide et extrême de l'environnement 11
    I.1.1 Evolution récente de l'urbanisation 11
    I.1.2. Définition des zones urbanisées 13
    I.1.3. Modifications biotiques et abiotiques liées l'environnement urbain 14
I. 2. L'écologie urbaine 16
    I.2.1. Mieux comprendre le processus de colonisation d'un milieu neuf 16
    I.2.2. Conserver et gérer les populations urbaines d'espèces sauvages 17
    I.2.3. Répondre à la demande des citadins 17
I. 3. L'ajustement des populations animales en réponse à l'urbanisation 18
    I.3.1. « Urban avoiders », « urban exploiters » et « urban adapters » 18
    I.3.2. Approche communautaire / approche populationnelle 19
    I.3.3. Changements démographiques associés à la « synurbanisation » 20
I.4. Un modèle d'étude : le Hérisson européen 22
I.5. Objectifs de l'étude 24

II. EFFET DE L'URBANISATION SUR LA DENSITÉ DE POPULATION DES HÉRISSONS 25

II. 1. Introduction 25
II. 2. Hubert, P., Julliard, R., Biagianti, S. & Poulle M.-L. Identification of ecological factors that explain the high European hedgehog (*Erinaceus europaeus*) population density in urban areas. *In prep.* 29
II. 3. Discussion 54

III. EFFET DE L'URBANISATION SUR LES TAUX DE SURVIE ET LA CONDITION PHYSIQUE DES INDIVIDUS 57

III.1. Introduction 57
III. 2. Matériel et méthodes 59

  III. 2.1. Capture-marquage-recapture 59
  III.2.2. Estimation du taux de survie 61
    Principe d'analyse des données de capture-marquage-recapture (CMR) 61
    Préparation des données et choix du modèle 62
    Estimation de la survie en période d'activité et en période hivernale 63
  III.2.3. Estimation de la condition physique des individus 64
    Relevé des indices de condition 64
    Analyses statistiques 65
  III. 2.4. Relevé des températures hivernales 65
III. 3. Résultats 67
  III.3.1. Comparaison des taux de survie en zone urbaine et en zone rurale 67
  III. 3.2. Condition physique des individus 70
    Effets de la date de capture, de la localisation et du sexe sur la condition
    physique 72
    Relation charge parasitaire/corpulence et état d'engraissement/corpulence 75
  III. 3.3. Différences de températures entre zone urbaine et zone rurale 77
III. 4. Discussion 78

    IV. EFFET DE L'URBANISATION SUR LA STRUCTURE GÉNÉTIQUE
      DE LA POPULATION 83
IV.1. Introduction 83
IV.2. Matériel et méthodes 85
  IV.2.1. Collecte des échantillons 85
  IV.2.2. Extraction de l'ADN 86
  IV.2.3. Amplification aléatoire de l'ADN (RAPD) 88
  IV.2.4. Interprétations et analyses statistiques 90
IV.3. Résultats 92
  IV.3.1. Choix des amorces et succès d'amplification 92
  IV.3.2. Taux d'homozygotie et variabilité génétique 92
  IV.3.3. Distances génétiques et structure de la population globale 93
IV.4. Discussion 95

      V. DISCUSSION GÉNÉRALE 99

      VI. CONCLUSION 109

RÉFÉRENCES BIBLIOGRAPHIQUES 111

LISTE DES FIGURES

Figure 1   Vue satellite de l'étalement des zones urbanisées sur Terre 11

Figure 2   Évolution de la population française et des surfaces artificielles 12

Figure 3   Schématisation du processus de régulation démographique d'une population 21

Figure 4   Localisation des zones de captures 60

Figure 5   Identification individuelle des hérissons 61

Figure 6   Calcul de la probabilité de survie et de recapture à partir d'histoires de capture recapture 61

Figure 7   Emplacement des thermomètres autonomes sur le terrain d'étude 66

Figure 8   Probabilité de recapture mensuelle des mâles et des femelles en zone urbaine et en zone rurale 69

Figure 9   Probabilités de survie apparente mensuelle des mâles et des femelles en période d'activité et en période hivernale 69

Figure 10   Fréquence d'observation des 204 mesures du pli cutané dans les différentes classes d'état d'engraissement 71

Figure 11   Distribution des hérissons par classes d'abondance de tiques 72

Figure 12   Valeur moyenne et erreur standard de l'indice de corpulence des hérissons 72

Figure 13   Évolution de l'indice moyen de corpulence des hérissons selon le mois 73

Figure 14   Évolution de l'indice moyen d'épaisseur du pli cutané selon le mois 74

Figure 15   Hérissons porteurs de tiques en 2006 et 2007 74

Figure 16   Relation entre l'indice d'épaisseur du pli cutané et la corpulence 76

Figure 17   Variation des températures urbaines et rurales autour de la moyenne des températures 78

Figure 18   Localisation des échantillons récoltés dans le terrain d'étude et en dehors 86

Figure 19   Principe d'extraction de l'ADN génomique 86

Figure 20   Calcul de la concentration en ADN d'une solution à partir des dosages spectrophotométriques 87

Figure 21   Principe de la PCR (Polymerase Chain Reaction) 88

Figure 22   Conditions d'amplification des marqueurs RAPD sur de l'ADN de hérisson 89

Figure 23   Calcul du taux d'homozygotie moyen 90

Figure 24   Calcul de l'indice de similarité 91

Figure 25   Calcul de la distance euclidienne entre deux individus 92

Figure 26 Classification hiérarchique des hérissons en fonction des distances génétiques séparant les individus 94

Figure 27 Escargot équipé d'une diode 102

Figure 28 Moyennes mensuelles de température et de pluviométrie hivernales dans les Ardennes... 104

LISTE DES TABLEAUX

Tableau 1 Critères de définition des différents types de zones rencontrées le long d'un gradient d'urbanisation 13

Tableau 2 Densités de population de hérissons estimées en 2006 et 2007, en zone urbaine et en zone rurale 55

Tableau 3 Fréquence d'apparition des histoires de captures dans chaque groupe de hérissons 67

Tableau 4 Simplification du modèle général d'estimation de la probabilité de survie et de recapture 68

Tableau 5 Localisation et sexe des hérissons capturés.. 70

Tableau 6 Effectifs, masses moyennes, erreur standard et variance des masses des hérissons adultes mâles et femelles en zone urbaine et en zone rurale 70

Tableau 7 Résultats des modèles linéaires à effets mixtes... 76

Tableau 8 Différence moyenne de température entre les relevés de chaque thermomètre et moyenne des cinq relevés... 77

Tableau 9 Caractéristiques des amorces utilisées pour l'étude... 92

I. INTRODUCTION GÉNÉRALE

I.1. L'urbanisation, une modification rapide et extrême de l'environnement

I.1.1. Évolution récente de l'urbanisation

En 1950, environ 30% de la population humaine mondiale était concentrée dans les zones urbaines. Aujourd'hui, ce pourcentage atteint presque 50% et il est prévu qu'il atteigne 70% en 2050, soit 6,3 milliards de personnes citadines (United Nations 2007). En conséquence, les zones urbanisées gagnent de plus en plus de terrain sur les paysages alentour. De 400 000 km² en 2000 (figure 1), la superficie couverte par les villes risque de s'élever à 1 million de km² en 2030, ce qui correspond à 1,1% des terres émergées de la planète (Angel *et al.* 2005).

Figure 1. Assemblage de photos satellites qui montre à quel point les zones urbanisées (éclairées) présentes sur notre planète sont déjà étendues et visibles depuis l'espace. Sources: NASA, 2000

Cette croissance du tissu urbain est une conséquence directe de l'actuelle explosion démographique, accompagnée d'un fort exode rural (Douglas 1992). La croissance des villes passe principalement par celle du milieu périurbain, en réponse au souhait grandissant des citadins de pouvoir concilier la proximité de leur lieu de travail avec le fait de vivre dans un endroit calme, avec de l'espace autour des maisons (Tjallingii 2000). La démocratisation de l'automobile a joué un rôle important dans l'étalement des zones périurbaines, puisqu'elle a facilité les déplacements des citadins du centre-ville vers ces zones moins densément urbanisées. La croissance du milieu périurbain peut également être mise en parallèle avec le développement de zones d'activités commerciales et industrielles, qui nécessitent des surfaces importantes et qui ne peuvent être implantées en centre-ville à cause des nuisances qu'elles occasionnent (bruit, dérangement, pollution) et du fait du coût de l'immobilier.

En France, de 1950 à 2000, le pourcentage de la population humaine occupant les zones urbanisées est passé de 55,2 à 75,8% (soit de 23 millions à 59 millions de personnes). D'ici 2050, il est possible qu'il atteigne 87% (United Nations 2007). L'augmentation de l'étalement urbain est encore plus marquée que celle de la population urbaine puisque, tandis que la population urbaine augmentait de 8 % de 1982 à 1999, les surfaces couvertes par du milieu urbain (ou « surfaces artificielles) augmentaient, elles, de 42 % pour la même période (figure 2). Les zones périurbaines ont, notamment, connu une forte croissance démographique durant les années soixante-dix et quatre-vingt. Bien qu'on observe ensuite un ralentissement sensible de cette croissance, le taux d'accroissement de la population périurbaine demeure trois fois supérieur à celui des pôles urbains au cours de la dernière décennie (figure 2).

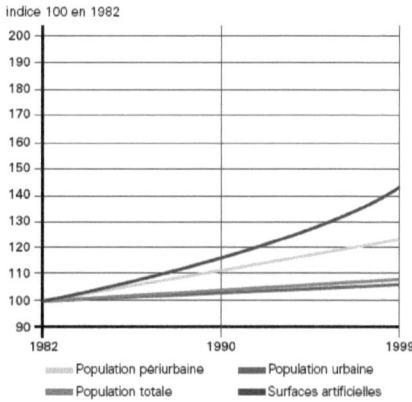

Figure 2 : Évolution de la population française urbaine et totale et des surfaces artificielles.
Source: INSEE ministère chargé de l'agriculture (Scees), 2002

I.1.2. Définition des zones urbanisées

Selon l'Institut National de la Statistique et des Études Économiques (INSEE) français, une ville peut être définie comme un espace regroupant un minimum de 2 000 habitants sur une surface bâtie caractérisée par un espacement inférieur à 200m entre les bâtiments. Cependant, cette définition, si elle s'applique bien au contexte français, est en revanche mal adaptée à celui de nombreux milieux urbanisés dans le monde, et elle diffère de la plupart des définitions que l'on peut trouver dans la bibliographie internationale sur le sujet. Marzluff *et al.* (2001) ont proposé, dans un souci d'uniformité entre études, un vocabulaire et des critères de définitions qui tiennent compte d'un gradient d'urbanisation qui va de l'extérieur des villes à leur centre (tableau 1).

Tableau 1 : Critères de définition des différents types de zones rencontrées le long d'un gradient d'urbanisation (Marzluff *et al.* 2001)

Term	Percent built	Building density	Residential human density
Wildland	0–2	0	< 1/ha
Rural/exurban	5–20	< 2.5/ha	1–10/ha
Suburban	30–50	2.5–10/ha	> 10/ha
Urban	> 50	> 10/ha	> 10/ha

Nous avons jugé les critères de Marzluff *et al.* (op. cité) pertinents pour notre étude et nous sommes contentés de les adapter légèrement au contexte français en distinguant ainsi :

- **Le centre-ville** : caractérisé par le fait que plus de 50 % de la surface est bâtie et que la densité est de plus de 10 bâtiments/ha. La densité humaine est de plus de 10 habitants/ha.
- **La zone suburbaine** : caractérisée par relativement peu de bâtiments (2,5 à 10 bâtiments/ha, 20-50% de surface bâtie) et une densité de population >10 habitants/ha. Les zones suburbaines ont une vocation principalement résidentielle et comprennent donc surtout des maisons individuelles entourées de leur jardin.
- **La zone urbaine** (ou aire urbaine) regroupe le centre ville et la zone suburbaine.
- **La zone rurale** correspond à toutes les zones non incluses dans les précédentes définitions.

I.1.3. Modifications biotiques et abiotiques liées l'environnement urbain

Les zones urbanisées possèdent des caractéristiques abiotiques particulières, notamment en ce qui concerne la température extérieure. En effet, celle enregistrée en ville est généralement supérieure à celles enregistrées dans les zones rurales. C'est le phénomène de "urban heat island" décrit par Oke (1995). Ainsi, les villes américaines ont des températures extérieures supérieures de 1 à 2°C à celles relevées en zones rurales en hiver, et de 0,5 à 1°C supérieures à celles relevées dans ces zones en été (Botkin & Beveridge 1997). Cette élévation de température est la résultante directe du type de couvert du sol et de la pratique des activités humaines. En effet, en milieu urbain, le sol est en grande partie recouvert par des surfaces goudronnées, ou par d'autres matériaux foncés qui, comme les bâtiments vitrés, nombreux en ville, se comportent comme des capteurs solaires ou des serres, restituant pendant la nuit le rayonnement infrarouge absorbé pendant le jour. Les rejets des usines et des moteurs des véhicules, les systèmes de climatisation et de chauffage sont également autant de sources de chaleur qui influencent le climat urbain.

L'urbanisation affecte également le cycle de l'eau à différents niveaux (Paul et Meyer 2001, Pickett & Cadenasso 2008). En effet, l'étendue des surfaces imperméables en zone urbaine (constructions, voiries….) modifie le régime d'infiltration et de ruissellement de l'eau qui se transforme alors en un écoulement vers un réseau hydrographique d'évacuation (Raimbault, 1996). Ces écoulements peuvent s'accroître de 10 à 30% et la quantité d'eau souterraine diminuer de 50 à 32% (Hough 1995). De plus, les précipitations peuvent être jusqu'à 10% plus importantes en zone urbaine qu'en zone rurale, en raison des plus fortes concentrations de particules contenues dans l'air qui favorisent la condensation. Parallèlement, l'évapotranspiration peut être réduite de 40% à 25% en lien direct avec le couvert végétal réduit. En conséquence de toutes ces modifications, les sols des zones tempérées sont généralement plus secs en zone urbaine qu'en zone rurale (Hough 1995).

En plus du changement hydrique, la composition des sols est souvent affectée par les activités humaines (Pickett *et al.* 2001). Le taux d'azote dans le sol est souvent élevé en ville, en conséquence directe, d'une part, de la fertilisation des pelouses et des espaces plantés, d'autre part, des gaz d'échappement des véhicules (Vitousek *et al.* 1997, Law *et al.* 2004). Cette disponibilité d'azote supplémentaire aide le métabolisme du sol et affecte la dynamique de décomposition de la litière (Pouyat *et al.* 1995). De même, les concentrations en cations des sols urbains sont souvent supérieures à celles des sols non-urbains, en conséquence directe de l'érosion des bâtiments, en particulier les constructions en béton et les constructions riches en calcaire (Jim 1998, Pouyat *et al.* 2007). Cet enrichissement a des effets sur le pH, sur la disponibilité en micro et macro nutriments et, donc, sur la faune et la flore qui s'y développent. Les sols urbains sont aussi typiquement enrichis en métaux lourds comme le plomb, le chrome, le cuivre et le zinc. Une disponibilité trop importante de ces métaux est toxique pour les plantes, les microbes, la vie sauvage et les humains. Ces métaux lourds proviennent des manufactures industrielles, des peintures à base de plomb, ils se trouvent dans l'essence de certaines automobiles, le revêtement des freins, les traces laissées par les pneus, les matériaux des bâtiment et barrières, le bois peint, etc. (Pouyat & McDonnell 1991, Callender & Rice 1999).

Les changements abiotiques liés à l'urbanisation ont des effets sur la dynamique de la litière et du couvert végétal, tandis que les activités humaines agissent aussi directement sur les caractéristiques biotiques des villes (Pickett & Cadenasso 2008). L'une des caractéristiques parmi les plus importantes concernant la végétation urbaine est l'hétérogénéité spatiale créée par la matrice des bâtiments, des routes et autres surfaces imperméables et par les différences d'utilisation de l'espace végétal dans différents contextes sociaux. Pour caractériser cette hétérogénéité, les types de végétation présents en ville ont été regroupés en trois classes (Stearns 1971) :

- **végétation rudérale** : pionnière des endroits perturbés par l'homme, pousse sur les décombres, les ruines, au bord des chemins etc. ;
- **végétation résiduelle** : se développe à partir des graines contenues dans le sol ;
- **espaces de verdure** : créés par l'homme dans des visées récréatives ou esthétiques (jardins, squares, parcs…). Ces espaces verts ont un rôle fonctionnel dans les écosystèmes urbains (Rebele 1994) et sont un facteur clé dans le maintien d'une vie sauvage en zone urbaine (Adams *et al.* 2006).

Le milieu urbain se caractérise également par le fait que l'homme y a introduit de nombreuses espèces animales, la plupart du temps non natives de la région considérée, et dont la présence peut générer un stress sur les populations sauvages locales. Par exemple, les populations urbaines d'oiseaux sont particulièrement sensibles à la présence de chats domestiques (*Felis catus*), introduits en nombre dans nos villes (Nilon & Pais 1997). Des études conduites sur des plantes, des oiseaux et des papillons indiquent que le nombre d'espèces non natives augmente des zones rurales vers le centre des villes (Blair & Launer 1997, Blair 2001).

I.2. L'écologie urbaine

L'intérêt grandissant pour les spécificités du milieu urbain a suscité l'émergence d'une nouvelle discipline, l'écologie urbaine, qui s'est développée à partir des années 60. Il s'agit d'un carrefour multidisciplinaire dans laquelle les biologistes collaborent avec les anthropologues, les sociologues et les géographes pour comprendre les processus complexes qui interviennent dans les écosystèmes urbains (Alberti *et al.* 2003, Shochat *et al.* 2006).

Les travaux conduits en écologie urbaine visent à répondre à l'une ou l'autre des attentes suivantes : mieux comprendre le processus de colonisation d'un milieu neuf et singulier, permettre la conservation ou la gestion des espèces sauvages présentes en milieu urbain et, enfin, répondre aux attentes et interrogations des citadins.

I.2.1. Mieux comprendre le processus de colonisation d'un milieu neuf

Les populations colonisatrices de nouveaux habitats sont souvent soumises à des pressions sélectives différentes de celles de leur habitat d'origine et ces pressions, associées à la plasticité phénotypique des individus, peuvent, relativement rapidement, conduire à la différenciation des populations et à leur isolement reproductif. Il existe ainsi plusieurs exemples de populations animales évoluant différemment des populations voisines en seulement quelques générations, sous l'influence de différences de climat, d'abondance et de distribution des ressources, de la présence de proies et de prédateurs dans le nouvel habitat colonisé (Carroll *et al.* 1997, Stockwell & Weeks 1999, Hendry *et al.* 2000, Huey *et al.* 2000, Koskinen *et al.* 2002, Kristja´nsson *et al.* 2002). Par exemple, Koskinen *et al.* (2002) ont clairement mis en évidence l'évolution génétique, en seulement 80 à 120 ans, de petites populations isolées d'Ombres communs (*Thymallus thymallus*, Salmonidae) provenant pourtant toutes d'une même population. De même, une population d'épinoches (*Gasterosteus aculeatus*) isolée en eau douce depuis 1987 a été comparée à une population ancestrale marine, et les résultats observés montrent que les individus d'eau douce se sont rapidement différenciés d'un point de vue morphologique (taille des épines dorsales réduites et nombre de plaques protectrices diminué) (Kristja´nsson *et al.* 2002). Certaines populations d'insectes (Rhopalidae) ayant colonisé des plantes hôtes apparues en Floride, se sont également génétiquement différenciées de celles présentes sur les anciennes plantes hôtes, jusqu'à voir la performance des individus réduites (croissance, taille, etc.) lorsque les plantes hôtes sont inter-changées en laboratoire (Carroll *et al.* 1997).

I.2.2. Conserver et gérer les populations urbaines d'espèces sauvages

Les modifications environnementales associées à l'urbanisation représentent une menace pour la biodiversité, car de nombreuses espèces natives disparaissent des zones urbanisées (McKinney 2002). Cependant, la gestion des espaces verts urbains peut permettre le maintien de certaines de ces espèces, notamment celles rares et en danger qui se rencontrent parfois dans les zones urbanisées (Kendle & Forbes 1997, Godefroid 2001). Ainsi, Bryant (2006), a souligné le rôle essentiel des parcs récréatifs et des corridors dans la conservation des espèces végétales et animales urbaines, tandis que Fernandez-Juricic & Jokimäki (2001), se sont intéressés aux facteurs qui permettent de conserver un maximum d'espèces d'oiseaux au sein des villes, comme la taille des espaces verts et la présence d'allées d'arbres. Selon Barrett & Barrett (2001), les cimetières sont aussi des espaces auxquels il faut s'intéresser si l'on veut conserver une nature en ville, puisqu'ils contiennent généralement une biodiversité importante qui n'est que très peu perturbée, du fait de la tranquillité des lieux liée à des raisons culturelles. Enfin, la conservation des espèces urbaines est importante pour la conservation d'un patrimoine naturel, mais elle peut aussi avoir, au sein des villes, une valeur sociale et éducative qu'il ne faut pas négliger (Miller & Hobbs 2002).

I.2.3. Répondre à la demande des citadins

Les perceptions et attitudes des humains face à la vie sauvage sont complexes et en constante évolution (Destefano & Deblinger 2005). Depuis ces dernières décennies, ils expriment davantage le souhait de pouvoir bénéficier de la présence d'une nature diversifiée en ville et, notamment, de celle d'espèces animales sauvages connues (Clergeau 2007). Par exemple, une enquête menée en Allemagne auprès de 779 personnes a montré que la présence de renards (*Vulpes vulpes*) dans les jardins était majoritairement bien accueillie par les citadins (König 2008).

Cependant, certaines villes sont également confrontées à des problèmes de nuisances liées à la présence de certains animaux comme les étourneaux (*Sturnus vulgaris*) ou les écureuils gris (*Sciurus carolinensis*) (Hadidan *et al.* 1987, Feare & Douville de Franssu 1992). L'exemple le plus connu reste tout de même celui du pigeon (*Columba livia*) qui dégrade et salit les bâtiments sur lesquels il vit, et qui constitue aussi un réservoir de certaines maladies transmissibles à l'homme. Plusieurs gestionnaires de villes essaient ainsi de contrôler les populations animales responsables de nuisances par la destruction d'individus, l'utilisation de produits chimiques pour le contrôle de naissance, ou encore en engageant des campagnes de lutte contre le nourrissage volontaire de la part des citadins. Cependant, les effets de ces mesures de contrôle ne sont généralement pas évalués (Buijs & Van Wijnen 2001).

Mieux comprendre le fonctionnement et les ajustements des populations animales urbaines doit permettre de mieux gérer les populations posant problème mais aussi les populations d'espèces souhaitées par les citadins.

I.3. L'ajustement des populations animales en réponse à l'urbanisation

I.3.1. « Urban avoiders », « urban exploiters » et « urban adapters »

Comme toutes les espèces animales ne disposent pas de la même capacité d'accommodation aux conditions particulières du milieu urbain (Gilbert 1989, Adams 1994), Blair (2001) distingue trois catégories d'espèces en fonction de leur réaction face à l'urbanisation :

- La catégorie *"urban avoiders"* comprend les espèces très sensibles à la présence humaine et aux perturbations de l'environnement. Elles ont tendance à disparaître dès qu'elles sont exposées à la proximité des hommes. Cette catégorie comprend des oiseaux insectivores et des grands mammifères, notamment les prédateurs, qui sont relativement rares, souvent chassés et présentant un taux de reproduction faible (Matthiae & Stearns 1981).
- A l'inverse, la catégorie *"urban exploiters"* regroupe les espèces commensales qui sont très (voire totalement) dépendantes des ressources urbaines. Elles ne représentent qu'un faible pourcentage des espèces présentes sur la planète mais, comme les individus sont particulièrement bien adaptés aux conditions de l'environnement urbain, les populations peuvent atteindre de très fortes densités (Adams 1994). Des populations de pigeons, de moineaux (*Passer domesticus*), de rat (*Rattus norvegicus*) et de souris domestique (*Mus musculus*) sont ainsi présentes en forte densité dans toutes les villes d'Europe (Mackin-Rogalska *et al.* 1988) et d'Amérique du nord (Adams 1994).
- Enfin, la catégorie *"urban adapters"*, comprend les espèces qui sont généralement naturellement présentes dans des milieux riches en haies et en lisières de forêt et qui,

par ailleurs, se satisfont de l'expansion du milieu périurbain car celui-ci leur offre de nouvelles opportunités alimentaires grâce à la présence de ressources d'origine anthropique (plantes cultivées, ordures ménagères), tout en leur permettant d'éviter les prédateurs (Whitcomb *et al.* 1981, Adams 1994).

Les « urban adapters » sont des espèces particulièrement intéressantes à étudier puisque, parmi les trois catégories citées ci-dessus, ce sont les seules à être présentes en ville comme en campagne. Il est ainsi possible de savoir à quel point les populations urbaines peuvent être différentes des populations rurales voisines, et de mettre en lien ces différences avec les caractéristiques environnementales des zones étudiées.

I.3.2. Approche communautaire / approche populationnelle

L'essentiel des travaux consacrés aux espèces animales en zone urbaine s'est focalisé sur des approches communautaires décrivant la richesse et la diversité des espèces, qu'il s'agisse d'arthropodes terrestres, de lézards ou de fourmis (Wetterer 1997, Germaine & Wakelin 2001, McIntyre *et al.* 2001, Thompson & McLachlan 2007). Chez les oiseaux, notamment, certains chercheurs ont comparé les communautés aviaires de plusieurs sites soumis à des degrés d'urbanisation différents (Graber & Graber 1963, Simon *et al.* 2007) ou des communautés présentes dans des zones résidentielles de différents âges (Beissinger & Osborne 1982). D'autres auteurs ont aussi voulu savoir si la composition et la richesse des communautés d'oiseaux urbaines étaient influencées par celles des communautés présentes dans les zones rurales adjacentes (Clergeau *et al.* 2001).

Cependant, l'installation d'espèces sauvages « urban adapters » en ville, souvent en forte densité, stimulent de plus en plus les approches populationnelles. Il s'agit d'en savoir plus sur les paramètres démographiques des populations étudiées et sur les facteurs de l'environnement qui les contrôlent, sur la structure génétique des populations urbaines et sur leur évolution. Par exemple, l'étude de Grégoire (2002) visait à mieux comprendre la dynamique d'une population de merles (*Turdus merula*) en zone urbaine et en zone rurale, en lien avec les relations hôte-parasite et les caractéristiques de l'habitat. Par ailleurs, McCleery *et al.* (2008) se sont intéressés au taux de survie des d'écureuils fauves (*Sciurus niger*) dans une population urbaine et dans une population rurale, en dégageant parallèlement les facteurs de mortalité les plus importants. D'autre part, une équipe de recherche suisse s'est attachée à tester le degré d'isolement reproductif de la population de renard roux de la ville de Zurich, par rapport aux populations rurales voisines (Wandeler *et al.* 2003), et Yeh (2004), aux Etats-Unis, s'est intéressée à l'évolution des traits sexuels du junco ardoisé (*Junco hyemalis*) présent dans un campus universitaire urbain.

I.3.3. Changements démographiques associés à la « synurbanisation »

L'étude des populations animales appartenant à la catégorie « urban adapters » a mis en évidence des caractéristiques propres aux populations urbaines qui a conduit à la création d'un nouveau terme, « la synurbanisation », introduit par les théoriciens écologistes Andrzejewski *et al.* (1978) et Babiñska-Werka *et al.* (1979). Ce terme réfère à l'ajustement des populations animales aux conditions particulières de l'environnement urbain. En effet, les mêmes types d'ajustements ont été observés dans des populations très diversifiées « d'urban adapters » : allongement de la période de reproduction, accroissement de la longévité, densité d'individus plus élevée en zone urbaine qu'en zone rurale (Luniak 2004), diversification du régime alimentaire, du type de lieu d'élevage des jeunes et de repos, modification du comportement migratoire et diminution du comportement de manifestation de méfiance des individus vis à vis des humains (Gliwicz *et al.*1994).

Cependant, les processus qui conduisent à ce type d'ajustements sont encore méconnus. Leur identification nécessite d'étudier le fonctionnement des populations concernées, pour pouvoir estimer les différents paramètres démographiques et les sources de variation de ces paramètres. En effet, une population se caractérise par son effectif (ou sa densité), sa structure d'âge, de sexe, sa structure génétique, l'organisation sociale des individus, etc. Ces variables sont affectées par les paramètres démographiques qui impriment à la population une certaine cinétique. Ces paramètres (natalité, survie ou mortalité, émigration, immigration) dépendent à la fois des propriétés des individus qui composent la population et des propriétés de l'environnement (figure 3).

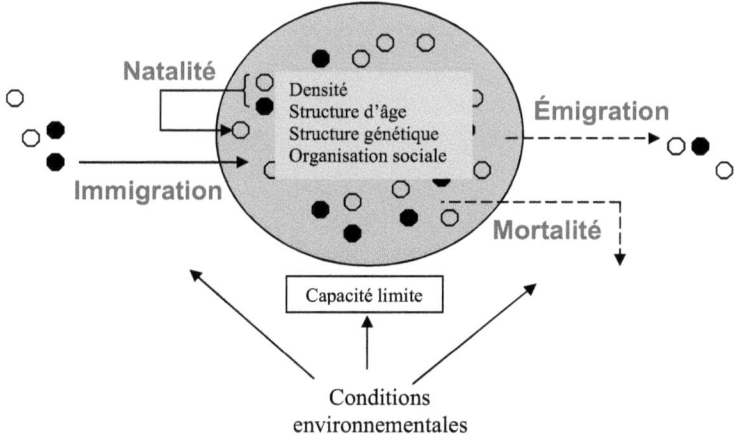
Figure 3 : Schématisation du processus de régulation démographique d'une population

Les modifications démographiques liées à la synurbanisation peuvent être importantes, comme le montre l'exemple de l'écureuil gris dont la densité enregistrée dans un parc urbain de Washington, D.C. (de 22 individus/ha à 51 individus/ha selon la période de l'année) est largement supérieure à toutes celles qui ont été enregistrées dans des zones moins urbanisées des Etats-Unis (Manski *et al.* 1980). Chez certains oiseaux, comme le merle, l'urbanisation induit une hausse de la natalité et de la survie des individus. Les merles ont ainsi environ 2 à 3 oisillons dans la ville de Varsovie (Pologne) contre 1 à 2 dans les forêts avoisinantes (Luniak 2004).

Actuellement, il est encore difficile de savoir quelles sont les particularités du milieu urbain à l'origine des changements démographiques observés dans les populations synurbanisées. Ceci est particulièrement vrai chez les mammifères, beaucoup moins étudiés que les oiseaux. Pourtant de telles données sont à la base de la gestion et de la conservation des espèces en habitat urbain et fournissent des informations importantes pour évaluer les effets de l'urbanisation sur les populations. Il importe notamment de savoir, en ce qui concerne les populations de mammifères sauvages présentes en ville : quels sont les paramètres démographiques affectés dans le cadre de la synurbanisation, quels sont les facteurs écologiques à l'origine des modifications observées et si l'urbanisation peut conduire à l'isolement et à la différenciation des populations. Nous avons conduit une étude dans ce sens, en prenant comme modèle d'étude un petit mammifère bien présent en milieu rural et urbain : le Hérisson européen (*Erinaceus europaeus*).

I.4. Un modèle d'étude : le Hérisson européen

Le Hérisson européen est un mammifère de taille moyenne largement réparti en Europe. Il appartient à l'ordre des Insectivores, représenté également en Europe par la Taupe (*Talpa europaea*) et la Musaraigne carrelet (*Sorex araneus*). Il se nourrit principalement de vers de terre, d'arthropodes, de larves d'insectes et de petits mollusques (Yalden 1976, Wroot 1984). En dehors des périodes de reproduction et d'élevage des jeunes, c'est un animal au mode de vie solitaire. La période de reproduction se situe généralement en avril-mai et, selon les régions, une deuxième période de reproduction, moins marquée, peut avoir lieu en juillet-août (Reeve 1994, Jackson 2006). C'est notamment le cas en France (Saboureau 1979). Les femelles mettent au monde, en moyenne, quatre ou cinq petits, au terme d'une gestation d'environ cinq semaines (Reeve 1994, Jackson 2006). On ne sait encore que très peu de choses sur l'émancipation des jeunes, seules quelques études supposent une phase de dispersion, peu avant l'âge adulte, c'est-à-dire avant l'âge de 9 mois (Berthoud 1978, Reeve 1994). Les hérissons hibernent pendant les mois d'hiver mais de façon décalée entre les mâles et les femelles. En France, les mâles entrent en hibernation principalement fin septembre-début octobre et en sortent généralement en février, tandis que les femelles entrent en hibernation plus tardivement, au mois d'octobre et en sortent en mars (Saboureau 1986, Vignault et Saboureau 1993). En zone rurale, le Hérisson occupe divers types d'habitats mais principalement ceux riches en haies (Huijser 2000). Cependant, il peut également être considéré comme un « urban adapter » puisqu'il semble s'accommoder particulièrement des conditions environnementales urbaines, à tel point que les plus fortes densités de population ont été enregistrées en ville (Reeve 1981, Berthoud 1982, Kristiansson 1990, Doncaster 1994).

Hérisson européen à la recherche de nourriture dans un jardin (Photo: Nicolas Lenartowski)

Considéré comme nuisible au moyen âge et jusqu'au IXe siècle, le hérisson est actuellement une espèce protégée et appréciée des citadins. Il est même considéré parfois comme "le trait d'union entre la nature sauvage et la vie citadine" (Page 2001). Sa propension à évoluer au plus près des habitations, le fait qu'il soit relativement visible, ainsi que le mouvement d'apitoiement engendré par les nombreux cadavres retrouvés au bord des routes, ont sans doute contribué à l'image positive de cet animal dans les mentalités. Le hérisson est d'ailleurs le héros de nombreuses histoires pour enfants, de publicité, de jeux et son image est souvent utilisée comme logo.

Néanmoins, en dépit de sa popularité et du fait qu'il s'agisse d'un animal relativement commun, peu de données sont disponibles sur la densité et à la dynamique de ses populations en relation avec les caractéristiques de l'environnement. Seules quelques études réalisées en Angleterre ont montré que la présence de blaireaux (*Meles meles*), compétiteurs et prédateurs du hérisson, et la disponibilité en lombric peuvent influer sur l'abondance des hérissons (Doncaster 1992, 1994, Micol *et al.* 1994, Cassini & Föger 1995). De plus, à partir de données récoltées en centre de soin sur plus de 12 000 hérissons morts, Reeve & Huijser (1999), ont constaté que 59% des causes de mortalité étaient d'origine naturelle (parasitisme, maladie, infections, prédation) et 41% d'origine anthropique (routes, dérangement des nids, noyades, morsures, intoxication chimique). Il n'en reste pas moins que les causes de mortalité qui influencent le plus l'effectif des populations sont encore mal identifiées.

Nous avons choisi le hérisson comme modèle d'étude pour plusieurs raisons :

- c'est un mammifère « urban adapter » qui a été relativement peu étudié mais pour lequel il existe cependant quelques données d'études antérieures permettant des comparaisons avec nos propres résultats ;
- il s'agit d'une espèce commune et donc pour laquelle davantage de données peuvent être collectées que dans le cas d'espèces menacées, où les individus sont peu nombreux ;
- la capture et la manipulation des individus sont relativement aisées puisque ces derniers préfèrent généralement s'immobiliser et se mettre en boule plutôt que fuir.

I.5. Objectifs de l'étude

L'objectif principal de notre étude est d'évaluer les effets de l'urbanisation sur les populations de hérissons, en comparant les caractéristiques d'une population urbaine à celles d'une population rurale voisine. Il s'agit d'identifier les particularités du milieu urbain en ce qui concerne le hérisson et d'évaluer les variations des paramètres démographiques liés aux modifications des facteurs environnementaux induites par l'urbanisation. Cette étude est conduite au Nord-Est de la France, dans le département des Ardennes, sur un terrain d'étude de 4100 ha qui comprend la ville de Sedan, sa couronne suburbaine et environ 3611 ha de zone rurale environnante.

Le premier volet de l'étude a pour but d'identifier les facteurs écologiques associés à une augmentation de densité des hérissons en ville, c'est à dire les facteurs pouvant influencer la natalité et la survie des individus (disponibilité en nourriture et risque de prédation). La densité de la population de hérissons est estimée en zone urbaine et rurale et les paramètres de certains facteurs écologiques (disponibilité en lombrics, arthropodes, nourriture pour chats, proximité d'un terrier de blaireaux) sont mesurés et comparés dans ces deux zones afin d'identifier ceux susceptibles d'avoir un effet sur l'abondance des hérissons et la productivité des jeunes.

Dans le second volet de l'étude, la survie estivale et hivernale des hérissons adultes est estimée en zone urbaine et en zone rurale à partir de données de capture-marquage-recapture. Les résultats sont mis en relation avec la condition physique des individus et avec les températures enregistrées dans ces deux zones, données importantes pour un mammifère hibernant tel que le Hérisson. L'objectif de cette partie est notamment de savoir si la forte densité de hérissons généralement observée en ville est liée à une meilleure survie des individus dans ce milieu.

Enfin, le troisième volet de l'étude consiste à estimer le degré d'isolement reproductif de la population urbaine par rapport à la population rurale, en comparant dans un premier temps les caractéristiques génétiques des deux populations (taux d'homozygotie, et variabilité intragroupe) puis en estimant leur degré de différenciation génétique (distance génétique entre les individus urbains et les individus ruraux, et analyse de la correspondance entre isolats génétiques et localisation des individus). Cette analyse permet d'estimer indirectement les mouvements d'émigration/immigration entre ville et campagne et de discuter des processus mis en jeu dans la différenciation des populations colonisatrices d'environnement modifiés.

II. EFFET DE L'URBANISATION SUR LA DENSITÉ DE POPULATION DES HÉRISSONS

II.1. Introduction

Une des principales caractéristiques des populations « d'urban adapters » est leur densité élevée, en comparaison avec celle des populations rurales (revue dans Luniak 2004 et dans Adams *et al.* 2006). Ainsi, chez les oiseaux, qui sont les animaux les plus étudiés en ville, nous pouvons citer comme exemple en Europe la Corneille mantelée (*Corvus corone cornix*), la pie (*Pica pica*), l'Étourneau, le Faucon pèlerin (*Falco peregrinus*), le Canard colvert (*Anas plathyrhyncos*), et en Amérique, le Cardinal rouge (*Cardinalis cardinalis*), le Merle d'Amérique (*Turdus migratorius*) ou encore la Crécerelle d'Amérique (*Falco sparverius*) qui, tous, présentent une densité de population plus élevée en ville qu'en campagne (revue dans Luniak 2004 et dans Adams *et al.* 2006). Chez les mammifères, nettement moins étudiés que les oiseaux, plusieurs espèces présentes dans les zones urbanisées américaines, comme le Raton laveur (*Procyon lotor*), l'Opossum (*Didelphis virginiana*), le Cerf de virginie (*Odocoileus virginianus*), le Castor américain (*Castor canadensis*) et le Coyote (*Canis latrans*), ou dans les zones urbanisées européennes, comme le Renard roux, le Hérisson, l'Ecureuil roux (*Sciurus vulgaris*), et le Mulot rayé (*Apodemus agrarius*), sont également plus abondantes en ville que dans les campagnes avoisinantes (revue dans Luniak 2004 et dans Adams *et al.* 2006).

L'étude de la densité des populations d'animaux sauvages est donc, généralement, une étape importante dans les travaux conduits en écologie urbaine (Riley *et al.* 1998, Parker 2006). Comme la densité reflète l'abondance des individus qui constituent la population par rapport à l'espace que cette dernière occupe, son estimation nécessite de définir au préalable la population étudiée en terme de surface occupée. Dans le cadre de notre étude, nous avons ainsi définis deux populations de hérissons : l'une urbaine correspondant à l'ensemble des individus présents dans la zone urbaine telle que nous l'avons définie (c'est à dire regroupant le centre ville de Sedan et sa zone suburbaine), l'autre rurale, correspondant à l'ensemble des individus présents dans les 3611 ha de zone rurale avoisinante.

Par ailleurs, la densité d'une population varie en réponse à la variation des paramètres démographiques que sont le taux de natalité, la mortalité, l'immigration et l'émigration d'individus. Ces paramètres sont indispensables pour apprécier la dynamique des populations, mais à eux seuls, ils n'apportent que peu d'informations sur les facteurs de l'environnement à l'origine des changements démographiques. Or, beaucoup de questions d'écologie et de gestion de la faune sauvage nécessitent l'identification de ces facteurs. Ainsi, si l'augmentation de la densité des populations des espèces synurbanisées implique certainement une modification de leurs paramètres démographiques, les facteurs de l'environnement qui participent à ce changement sont encore peu connus. Les principales hypothèses avancées pour expliquer les fortes densités de populations de certaines espèces sauvages en ville sont une plus forte disponibilité alimentaire en ville, à la fois en terme d'abondance et en terme de diversité (présence de détritus de l'alimentation humaine et de gamelles pour chiens ou chats laissées dehors, nourrissage volontaire, etc.), et/ou à la présence de nombreux abris et sites de nidification et/ou de l'absence de prédateurs (Tomialojc 1982, Adams 1994, Fedriani *et al.* 2001, Luniak 2004). Par exemple, Gering & Blair (1999) indiquent qu'une faible pression de prédation pourrait expliquer, du moins en partie, l'abondance de certaines espèces en environnement urbain, notamment les étourneaux, les moineaux (*Passer domesticus*), et les pigeons (*Columba livia*). Fedriani *et al.* (2001) ont cherché à expliquer les fortes densités de population de coyotes enregistrées dans certaines zones urbaines, et ils ont, à l'issue de leur étude, privilégié l'hypothèse d'une disponibilité alimentaire d'origine anthropique importante.

Cependant, la validation de ces hypothèses reste généralement à faire. Dans ce contexte, nous avons cherché à identifier les facteurs pouvant être à l'origine de la densité élevée de hérissons en zone urbaine et nous avons notamment testé, avec des données de terrain, l'hypothèse selon laquelle cette forte densité pouvait être due à une disponibilité alimentaire plus importante et/ou à un risque de prédation moindre en zone urbaine qu'en zone rurale. La densité de hérissons dans chacune des zones a été estimée par la méthode de « distance-sampling » (Buckland *et al.* 2001), à partir d'observations de hérissons sur des transects linéaires. Quatre facteurs écologiques ont été considérés : les trois premiers visent à évaluer l'abondance des ressources disponibles pour les hérissons (abondance en lombrics, en arthropodes, et en nourriture pour animaux domestiques) et le quatrième vise à estimer le risque de prédation. Leur importance respective a été estimée par transect, à l'aide d'un échantillonnage au formol dilué pour les lombrics, et de pièges Barber pour les arthropodes. La présence de chats domestiques sur les transects, combinée à la présence de jardins, a permis d'évaluer la disponibilité de nourriture pour animaux domestiques laissée dans des gamelles, dehors, pendant la nuit. Enfin le risque de prédation a été estimé en fonction de la distance qui sépare les transects du terrier de blaireau le plus proche. Par la suite, des modèles linéaires ont été utilisés pour identifier, parmi ces facteurs, ceux qui sont susceptibles d'être à l'origine d'une densité élevée de hérissons en zone urbaine, c'est à dire d'avoir un effet sur l'abondance des hérissons adultes et sur la productivité des jeunes (évaluée par le nombre de jeunes sur le nombre d'adultes observés par transect).

L'ensemble de ce volet d'étude a fait l'objet d'un article scientifique prêt à soumettre à la revue "Journal of Zoology" et présenté ci-après.

II.2. Identification of ecological factors that explain the high European hedgehog (*Erinaceus europaeus*) population density in urban areas

Pauline Hubert[1,2], Romain Julliard[3], Sylvie Biagianti[1], Marie-Lazarine Poulle[2,4]

[1] Laboratoire d'Eco-toxicologie, EA 2099, URVVC, Université de Reims Champagne-Ardenne, 51687 Cedex 2 Reims, France

[2] Centre de Recherche et de Formation en Eco-éthologie (2C2A-CERFE), 5 rue de la Héronnière, 08240 Boult-aux-Bois, France

[3] UMR 5173, MNHN-CNRS-UMPC, Muséum National d'Histoire Naturelle, 55 rue Buffon, 75005 Paris, France

[4] Laboratoire de Parasitologie - Mycologie, EA3800, IFR 53, Université de Reims Champagne Ardenne, 51100 Reims, France.

Abstract

Despite the extreme environmental alteration induced by urban development, some wild species show higher population densities in urban areas than in rural ones. Environmental modifications at the origin of this density increase are not precisely identified yet. Our objective was to identify the ecological factors that could explain higher densities of hedgehog (*Erinaceus europaeus*) populations in urban *versus* rural areas. Hedgehog population density was estimated in an urban area and in the nearby rural area from Distance Sampling surveys applied on 43 line-transects visited monthly from June to October 2006 and from March to October 2007. Four ecological factors (earthworms and arthropods biomass, pet food availability and distance to the nearest badger sett) were measured around each transects and compared between the two areas. Hedgehog population density was nine times higher in the urban area than in the rural one (36.5 ± 15.2 individuals/km² *versus* 4.4 ± 1.3 individuals/km²). Compared to rural transects, urban transects had lower arthropod biomass, higher pet food availability, and they were more distant to badger setts. Ecological factors that better predict variation in adult hedgehog abundance amongst transects within urban and rural area were the earthworms biomass and the pet food availability. Those predicting young productivity were the arthropod biomass and the distance to the nearest badger sett. We conclude that only a combination of several factors could explain the nine times higher population density in the urban area than in the rural one and not only food resources availability, even if anthropogenic food seems to contribute to this density change.

Key words: hedgehog, urban ecology, population density, food resources, predation

Introduction

Urbanization represents one of the ultimate stages of alteration of habitats and species composition (Callender and Rice 1999, McKinney 2002, Robaa 2003, Pickett and Cadenasso 2008). A few wildlife species, called "urban adapters" (Blair 2001), are able to maintain their population in urban areas by proceeding adjustment to this specific environment (see Andrzejewski *et al.* 1978; Babińska-Werka *et al.* 1979). Such adjustments are apparent in urban bird populations through reduction of migratory behaviour, prolongation of breeding season, greater longevity, change in feeding behaviour, increase of tameness toward people and increase of intra-specific aggressions (review in Luniak 2004).

Urban adapters are generally present in high density in urban areas, particularly in suburban areas, where individuals are able to use both human subsidies (trash, pet food...) and natural resources (McKinney 2002). For example, populations of Blackbirds (*Turdus merula*), Magpies (*Pica pica*) or Crows (*Corvus corone*) reach higher densities in urban areas than anywhere else (see Tomialojc 1976, Ilyichev *et al.* 1987, Luniak *et al.* 1990, Jedraszko-Dabrowska 1990, Luniak *et al.* 1997, Marzluff 2001, Blair 2004). It is also the case for the few mammals species studied in an urban context: Red foxes, *Vulpes vulpes* (Macdonald and Newdick 1982), Coyote, *Canis latrans* (Fedriani *et al.* 2001), Raccoon, *Procyon lotor* (Riley *et al.* 1998) and European Hedgehog, *Erinaceus europaeus* (Berthoud 1982, Doncaster 1994). However, even if the high density of populations of urban adapters is well documented, particularly in birds, the ecological factors that could be responsible for it are not still precisely identified in the field. Furthermore, data on mammalian urban adapters are lacking.

Our objective was to identify the ecological factors that could explain higher densities of a mammal species populations in urban *versus* rural areas. Our model was the European hedgehog, which is a hibernator medium-size nocturnal mammal of Western Europe present in cities as well as in countries (Berthoud 1982, Doncaster 1994). Earthworm and terrestrial arthropods constitute the main part of its diet in natural conditions (Yalden 1976, Wroot 1984), but it can also benefit from anthropogenic food as pet food let outside by people (Morris 1985). The badger (*Meles meles*) is its main predator (Doncaster 1992, Reeve 1994). The average litter size in hedgehogs is around five juveniles (Morris 1961, Kristiansson 1984) but a large part of them may die before weaning (Reeve 1994). The modification of young productivity (considering young weaned) could lead to the modification of the realised local population density.

The density of hedgehog populations was compared between an urban area and the neighbouring rural area and the effect of four ecological factors on adult hedgehog's abundance and on young productivity was analysed. As earthworm abundance and badger proximity have already been identified as having a significant impact on hedgehog density (Cassini and Föger 1995, Doncaster 1994, Micol *et al.* 1994), the effect of these two factors on the high density of urban populations was taken into account. The pet food and terrestrial arthropods abundance were also considered because the never have been explicitly studied previously. Finally, the urban and the rural areas were compared according to food resource availability and predation risk.

Material and methods

Study area

The field study is a 41 km² area located in the Ardennes region, North-Eastern France (Figure 1). This area is delimited by the Meuse River on the West side, a highway on the East and South sides and a more than 1000 km² forest on the North side (Figure 1). It includes the Sedan city (21 000 inhabitants) and seven villages, ranging from about 130 to 1 000 inhabitants. Two areas were distinguished according to their density of human settlement: the "urban area" corresponded to the part of the field study where there were more than 20 settlements/ha, while the rural one corresponded to the rest. The urban area (486 ha) included the old city of Sedan (mainly buildings and other impervious surfaces) and its suburbs that have expanded since the 1960's by an increase of individual residential houses with gardens. The rural area (3611ha) is mainly composed of agricultural landscape and small villages. The proportions of pastures, arable lands, meadows, forests and lawns are respectively of 25%, 20%, 21%, 21%, and 6% in the rural area, while they are of 0%, 0 %, 1%, 3% and 38% in the urban area respectively. The remnant part of landscape in each area is mainly composed of roads, buildings and other impervious surfaces.

Estimation of hedgehog population density

The density of hedgehog population was estimated using the distance-sampling method on line-transects (Buckland *et al.* 2001). The basis of this methods is to estimate population density from both the number of detection per transect and the probability that a randomly chosen animal within the surveyed area is detected. Perpendicular distance from transect to detected animal have to be measured to model the detection function of animal, *i.e.* the probability of detecting an animal given that it is at distance x from the line transect.

The sampling design we defined was of 1 transect/ km², leading to the delimitation of 43 walk transects in the study area: 6 located in the urban area and 37 located in the rural one

(Figure 1). All the transects were visited monthly from June to October 2006 and from March to October 2007, for a total of 12 field sessions performed outside the hedgehog hibernation period. Each line-transect corresponded to a 500 m portion of small roads or paths walked at night by two observers taking turn to walk to detect hedgehogs with the help of infrared binoculars (CEDIP infrared-system). Each detected hedgehog was caught to determine its age class. Young individuals were distinguished from adults on the basis of body mass and length, and tarsus length. The exact location of detected hedgehogs was reported on the Global Positioning system (GPS) to calculate its perpendicular distance to the line transect (=detection distance) with the help of the Geographic Information System (GIS) ArcView 3.2.

Densities were estimated according to the general equation $D = n / (2 \times L \times ESW)$, where n is the number of encounters, L the total transect length (meters), ESW the effective strip width (meters). In the explanatory phase of the analysis, we used four a priori robust models to model the detection function of hedgehogs: a uniform key function with either cosine or polynomial series expansion and a half-normal key function with either cosine or Hermite polynomial series expansion. To define the effective strip width (ESW), a truncation of the more distant data was operated before model fitting because the extreme observations are difficult to model. Only parts of transects with visibility of at least 10m from the centreline were taken into account to calculate the exact length surveyed. We pooled all the detections recorded per transect during the 12 field sessions and we added the transect length walked at each session to calculate the total transect length (L). Analyses were carried out separately for each area (urban *versus* rural) with the software DISTANCE 5.0.

Estimation of resource abundance and predation risk per transect

The earthworms and arthropods abundances were firstly estimated per habitat types (lawns, pastures, meadows, forests, arable lands) before being estimated per transect, from the landscape composition per transect. To estimate their abundance per habitat type, five sampling sites were chosen per habitat, in such a way that these sites were the more regularly widespread as possible considering the site accessibility and the authorization of landlord for sampling in their property. Sites were sampled during June 2007, September 2007 and October 2007.

The mean earthworm biomass per habitat was estimated by using the standardised formalin method (Bouché and Gardner 1984). Around ten litres of an aqueous solution of formalin 0.5% was poured into a 50cm×50cm surface of bared soil to expel active earthworms from the deep soil to the soil surface. Results were expressed on a fresh weight basis (kg of earthworms per ha). Relative densities of terrestrial arthropods was estimated by using Barber pitfall traps (Southwood 1978) consisting of 0.2 litre plastic cups with an opening of 7.0 cm diameter and its rim at ground level. They were protected from rain with 25x30 cm wood roof. Traps were filled with water, salt and biodegradable detergent. Arthropods were collected and weighed at 24 h intervals over four consecutive days. Differences in mean earthworms and arthropods biomasses between habitats were tested using an ANOVA with post-hoc Tuckey tests, after testing the distribution of residuals with Shapiro-Wilks test.

To estimate the earthworms and arthropods availability per transect, a 100 m long strip was delimited on both sides of each transect. The habitat composition of the 10 ha (500 x 200 m) resulting strip was calculated with Arcview GIS from landscape maps (Corine land cover), aerial pictures and field reports. The earthworms and arthropods biomasses were then calculated per transect from both the estimation of their abundance per habitat and the habitat composition per transect strips.

The abundance of pet food per transect was estimated by combining data from cats (*Felis catus*) counts and from number of garden situated in the 100 m strip along transects. We used the number of cats detected with infra-red binoculars during transect surveys as an indicator of pet food because domestic cats are spatially distributed in relation to pet food presence (Turner and Bateson 1988, Barratt 1997). Furthermore, as bowls with pet food are generally situated in gardens surrounding individual houses, we considered the combination of the number of gardens per transect strip and the number of cats detected per transect as an index of pet food abundance per transect. Pet food index was calculated using the first component of a Principal Components Analysis (PCA).

To further assess the role of gardens for hedgehogs, questionnaires were distributed to house owners located in five 100m^2 squares. The number of squares in the urban and in the rural area is connected with the total number of gardens situated in each area. As a result, four of the five sample squares were randomly distributed in the Sedan city and the fifth is located in a village. People were questioned on the presence of hedgehogs in their garden, on their usual practices concerning pet-food laid outside at night and on their use of anti-slug poison. Data was analysed with Fisher exact tests.

To estimate predation risk per transect, a research of main badger setts was conducted in the study site from information provided by farmers and hunters. "Active setts" (*i.e.* actually frequented by badgers) were identified from the presence of drops and fresh signs of expansion (Davison *et al.* 2008). Their locations was recorded, and distance from transects to the nearest active sett were calculated using Arcview 3.2. All data on resource availability and predation risk was log-transformed to reach normality for further statistical tests.

Identification of ecological factors that may predict hedgehog abundance

We used a Generalized Linear Models (GLM) assuming a quasi-poisson distribution (over-dispersed count data) and a log link function to investigate the relationship between the number of hedgehogs detected on transects and: i) the mean biomass of earthworms per transect strip, ii) the mean biomass of arthropods per transect strip, iii) the pet food index of transects, and, iv) the distance between the transect and the nearest badger's sett.

The effect of detection probability ("pdetect") and of transect location (urban *versus* rural area, "loc" factor) was first tested. Detection probability was estimated per habitat from the analysis of the distribution of detection distances using DISTANCE 5.0. Following the same procedure as the estimation of arthropod and earthworm biomasses per transect, detection probability per transect was estimated from both the detection probability per habitat and the habitat's composition of the transect strip. The visibility rate per transect, i.e. the proportion of visible area in the transect strip, was also taken into account in the estimation of the detection probability per transect.

Detection probability was systematically considered in model construction as transect location had significant effects on the number of hedgehogs detected per transect (see results). Models were thus fitted with those two variables for subsequent analysis. Interactions with "loc" (urban *versus* rural) were tested for each ecological factor that have a significant effect on hedgehog abundance.

Identification of ecological factors that may predict young productivity

Young productivity was expressed as the number of young per adult. Generalized Linear Models (GLM) were used to investigate the relationship between this ratio and the four environmental variables described above. We assumed that detection probability was the same for adult and young hedgehogs. Data were analyzed using a GLM with a binomial model and a logit link function following the same procedure as describe above. All the statistical analyses were carried with R (Ihaka and Gentleman 1996).

Results

Density of hedgehog population in urban versus rural areas

An amount of 516 transects was walked from June to October 2006 and from March to October 2007 (43 transects x 12 field sessions). It resulted in 127 captures of hedgehogs (79 adults, 32 young individuals, 16 unknown): 74 in urban area and 53 in rural area. Detection distances ranged from 0 m to 246 m, with a mean of 44 ± 4 m. These distances were grouped into 15 meters distance categories and a truncation was applied on distance data of more than 120 m (n=11). According to the Akaike's Information Criterion (AIC), the half-normal key function with cosine series expansion was the best model for our data. Hedgehog population density was nine times higher in the urban area than in the rural one (36.5 ± 15.2 individuals/km² *versus* 4.4 ± 1.3 individuals/km²).

Abundance of resources and predation risk per area

The mean earthworm biomass per habitat ranged from 154 ± 44 kg/ha in forest to 1848 ± 286 kg/ha in lawns, whereas arthropod biomass ranged from 188 ± 44 kg/ha in lawns to 5696 ± 1041 kg/ha in forest (Figure 2). As a result, the mean earthworm biomass per transect was respectively of 813±119 kg/ha and 757±54 kg/ha in urban and rural areas, whereas the mean arthropod biomass per transect was of 495±190 kg/ha and 2943±190 kg/ha in these two areas respectively. Earthworm biomass didn't significantly differ from urban *versus* rural area whereas arthropods biomass was higher in the rural area than in the urban area (Table I).

A total of 194 cats were detected during line transect surveys: 68 of them were detected during the six transects walked in urban areas while 126 were detected during the 37 transects walked in rural areas. On the same way, only 204 gardens were counted in the 37 rural transect strips while an amount of 148 gardens were counted in the only six urban transect strips. As a result, mean pet food index significantly differed between urban and rural areas (Table I). Pet food abundance seemed to be 2.6 times higher in the urban area than in the rural one.

None badger sett was found in the urban area while eight were found in the rural area. The distances from transects to the nearest badger sett ranged from 128 to 2330 m with a mean value of 1468±114 m for transects located in urban area (n = 6) and 1046±89 m for transects located in the rural one. This difference was significant (Table I). Transect were 1.5 times more distant to badger setts in the urban area than in the rural one.

Thirty six questionnaires were distributed in five sampling squares located in the Sedan city, and 7 were distributed in one sampling square located in a village, providing 39 answers from house owners (91%). Thirteen people (33%) said they have already seen one or several hedgehogs in their garden, 8 people (21%) answered that they let pet-food outside at night and 17 (44%) that they used anti-slug products in their garden. The proportion of positive and negative answers was homogenously distributed among the 6 quadrates sampled (Fisher exact test; hedgehog presence, $p=0.2$, use of anti-slug product, $p=1$, food in garden at night, $p=0.4$). Hedgehogs are more present in gardens with pet food (Fisher exact test; $p=0.003$) and with anti-slug pellets (Fisher exact test $p=0.039$). There was no linked between presence of pet food and presence of anti-slug pellets ($p=0.26$).

Identification of factors predicting adult hedgehog's abundance

The arthropod's biomass per transect strip and the distance from transect to the nearest badger'sett did not have a significant effect on the number of hedgehogs detected per transect while the abundance of pet food and the earthworm biomass per transect strip have one (Table II). Hedgehogs were more abundant on transect where the pet food abundance index and the earthworm biomass were high. However, the effect of earthworm biomass and pet food abundance explained only a little part of the variance of the number of hedgehog detected per transects, when compared to the variance explained by transect location (Table II). Their effect was similar in urban and rural area as interactions between these two ecological factors and the location of transect were not significant (Table II).

Identification of factors predicting young productivity

The number of young hedgehogs detected per adult ranged from 0 to 3 per transect. Transect location had no significantly effect on the young/adult ratio (Table III) indicating that the young productivity is not higher in urban area than in rural one. Earthworms biomass and pet food abundance had also no significant effect on the young productivity while, by contrast, the distance from transect to the nearest badger sett and the biomass of arthropods have one (Table III). The more arthropod biomass was high and the larger distance to a badger'sett, the higher the ratio young individuals/adults. The interaction between the transect location and the nearest badger sett was significant (Table III) meaning that distance to a badger sett had a different effect on urban and rural areas. By the way, it only had a significant effect in the rural area (rural area: df=1, χ^2=13.10, p<0.001; urban area: df= 1, χ^2=3.11, p=0.07).

Discussion

Local abundance of a population is determined by the carrying capacity of the habitat (i.e. the maximum abundance that can be reached, largely determined by food resources), and the demographic parameters (birth, death, dispersal) that allows the population to reach or not its carrying capacity. In the present study conducted in North-eastern France, we estimated the effect of main food resource abundance on hedgehog densities. Our results confirmed that urbanization can induce a dramatic increase in the density of urban adapter mammals with a considerable rate of multiplication between rural and urban populations.

Our estimates of around 4 hedgehogs/km^2 in rural area and 35 individuals/km^2 in the urban are very similar to those from Switzerland (around 5 individuals/km^2 in rural areas and around 25 individuals/km² in the city of Yverdon-les-bains, Berthoud 1982). By contrast, the rural population density we recorded is lower than those reported in Netherlands and British rural areas (respectively, around 35 individuals/km², Huijser 2000, and from 20 to 70 individuals/km², Morris 1988, Doncaster 1992, 1994). Similarly, our estimate of urban hedgehog population density (around 35 individuals/km²) is lower than those reported in London and Oxford suburbs (respectively around 80 individuals/km², Reeve 1981, and 180 individuals/km², Doncaster 1994). Such differences in densities from one study to another can both be explained by differences in densities and/or sampling methods. Indeed, by using the randomly distributed line transects, we regularly spaced out transects in the study site. In the same way, Berthoud (1982) sampled the different type of landscape present in his study site. By contrast, densities estimated by Doncaster (1992), Morris (1988) and Reeve (1981) originated from sampling conducted only in suitable areas where hedgehogs are concentrated. The integration of data from unsuitable area can explain the relatively low density values we recorded. Furthermore the greater proportion and size of parks and other green surfaces in Netherlands and British cities compared to French and Swiss ones could also favour the abundance of hedgehogs in these cities. For example, the percentage of surface covered by green areas in London city reach 7.5% against only 4.9% in Paris city (percentage calculated in ArcView GIS from Corine Land Cover database available on the European Environment Agency website).

The multiplication rate of 9 from urban *versus* rural area resulting from the present study is similar to those reported for other wild mammal urban adapters. In United States, coyote density was estimated to be 8 times higher in the suburbs of Los Angeles than in the adjacent least urbanized area (Fedriani *et al.* 2001). Raccoon density in an urban national Washington park was from twice to more than 100 times than those reported for the species in non-urban habitats (Riley *et al.* 1998). In the same way, red fox density in British cities seems to be at least 10 times higher than in rural areas (Macdonald and Newdick 1982).

In accordance with Micol *et al.* (1994) and Doncaster (1994), we found that earthworm abundance have a significant effect on hedgehog abundance. However, earthworm biomass cannot explain alone the higher density of hedgehogs recorded in the urban area *versus* the rural area since it did not significantly differ from one area to the other. Furthermore, in our field study, proximity to a badger sett did not seem to have an effect on hedgehog abundance in contrast with the results of Micol *et al.* (1994) and Doncaster (1994) who found that the badger presence have a significant effect on it in Great Britain. This difference could be explained by difference in the density of badger populations between the two countries. The British badger populations can reach densities of 20 individuals/km^2 (Woodroffe *et al.*, 1995; Stewart *et al.*, 2001) while those reported in French badger populations are around 0.5 individuals/km^2 (Lambert 1990). In Great Britain, badger sett are even present in cities (Harris 1984, Davison *et al.* 2008) and when badgers density is high, predation pressure may be sufficient to exclude hedgehogs (Doncaster 1992). The low badger density observed in France would not be sufficient to have a significant effect on hedgehog abundance. However, we observed that the proximity to a badger sett had a strong effect on young productivity in rural areas. Young individuals would be more vulnerable than adults towards badger attacks because of their smaller size and inexperience.

Young productivity seemed also to be affected by arthropods abundance. In accordance with Magura *et al.* (2004), we found the arthropod abundance higher in the rural area than in the urban one. This factor cannot thus be responsible for the higher hedgehog density recorded in the urban area. By contrast, pet food abundance appeared to have a significant effect on this difference of density. Hedgehogs are known to exploit pet-food resource when available even if they are not dependant to this anthropogenic resource, (Morris, 1985). In our study area, the abundance of pet-food is almost 3 times higher in the urban area than in the rural one, and results from questionnaires indicated that more hedgehogs were seen in garden with pet food than in garden without. Thus, even if difference in pet food availability cannot explain alone the 9 times higher population density in the urban area than in the rural one, it must contribute to higher density in urban areas. Earthworm and pet food abundance appeared thus as good predictors of hedgehog presence and abundance.

In contrast, high density in the urban area was not associated with high reproductive success and reproductive success was correlated to other factors than those correlated to densities. Indeed, the number of young individuals per adult was similar in the urban and in the rural area. This further suggests that variation in reproductive success plays a minor role in determining hedgehog density in urban as well as in rural area. This result is in accordance with those of Jerszack (1995), who found that suburban magpies and starlings (*Sturnus vulgaris*) had similar mean numbers of young per breeding pair than those living in rural areas, even if the breeding season is prolonged. This strongly suggests that high densities recorded in urban areas are not linked to ecological factor associated with hedgehog reproduction.

Differences in mortality rates is the most likely main determinant of the strong difference in densities recorded between urban and rural hedgehog populations. Other factors of hedgehog mortality than predation risk have to be explored: temperature during hibernation, importance of road traffic, of poisoning by pesticides, of parasite and disease (Reeve 1994). Detailed studied of the potential effect of mortality factors as an explanatory factors of high urban hedgehog density need however to previously ameliorate existent methods and to develop news ones in order to be able to assess the respective importance of these factors on the field.

References

Andrzejewski, R., Babińska-Werka, J., Gliwicz J. and Goszczyński J. (1978). Synurbization processes in an urban population of *Apodemus agrarius*. I. Characteristics of population in urbanization gradient. *Acta Theriol.* **23**, 341-358.

Babińska-Werka, J., Gliwicz, J. and Goszczyński, J. (1979). Synurbization processes in an urban population of *Apodemus agrarius*. II. Habitats of the Striped Field Mouse in town. *Acta Theriol.* **26**, 405-415.

Barratt, D.G. (1997). Home range size, habitat utilisation and movement patterns of suburban and farm cats *Felis catus*. *Echography* **20**, 271-280.

Berthoud, G. (1982). *Contribution à la biologie du hérisson (Erinaceus europaeus L) et application à sa protection*. PhD thesis, University of Neuchâtel.

Blair, R.B. (2001). Birds and butterflies along urban gradients in two ecoregions of the U.S. In *Biotic Homogenization*: 33-56. Lockwood, J.L. and McKinney, M.L. (Eds.). Norwell (MA): Kluwer.

Blair, R.B. (2004). The effects of urban sprawl on birds at multiple levels of biological organization. *Ecology and Society* **9**, 2.

Bouché, M.B. and Gardner, R.H. (1984). Earthworm functions. VII: Population estimation techniques. *Rev. Ecol. Biol. Sol* **21**, 37-63.

Buckland, S.T., Anderson, D.R., Burnham, K.P., Laake, J.L., Borchers, D.L. and Thomas, L. (2001). *Introduction to Distance Sampling*. Oxford: Oxford University Press.

Callender, E. and Rice, K.C. (1999). The urban environmental gradient: anthropogenic influences on the spatial and temporal distributions of lead and zinc in sediments. *Environ. Sci. Technol.* **34**, 232-238.

Cassini, M.H. and Föger, B. (1995). The effect of food distribution on habitat use of foraging hedgehogs and the ideal non-territorial despotic distribution. *Acta Oecol.* **16**, 657-669.

Davison, J., Huck, M., Delahay, R.J. and Roper, T.J. (2008). Urban badger setts: characteristics, patterns of use andmanagement implications. *J. Zool. Lond.* **275**, 190-200.

Doncaster, C.P. (1992). Testing the role of intraguild predation in regulating hedgehog populations. *Proc. Roy. Soc. Lond. B.* **249**, 113-117.

Doncaster, C.P. (1994). Factors regulating local variations in abundance: field tests on hedgehogs (*Erinaceus europaeus*). *Oikos* **69**, 182-192.

Fedriani, J.M., Fuller, T.K. and Sauvajot, R.M. (2001). Does availability of anthropogenic food enhance densities of omnivorous mammals? An example with coyotes in Southern California. *Ecography* **24**, 325-331.

Harris, S. (1984). Ecology of urban badgers *Meles meles* - distribution in Britain and habitat selection, persecution, food and damage in the city of Bristol. *Biol. Conserv.* **28**, 349-375.

Huijser, M.P. (2000). *Life on the edge. Hedgehog traffic victims and mitigation strategies in an anthropogenic landscape*. PhD thesis, Wageningen University.

Ihaka, R. and Gentleman, R. (1996). R: a language for data analysis and graphics. *J. Comput. Graph. Statist.* **5**, 299-314.

Ilyichev, V.D., Butyev, B.T. and Konstantinov, M.B. (1987). *Birds of Moscow and its vicinity*. Moskva: Nauka.

Jedraszko-Dabrowska, D. (1990). Specific features of an urban lake bird community (case of the Czerniakowskie Lake in Warsaw). In *Urban ecological studies in Central and Eastern Europe*: 167-181. Luniak, M. (Ed.). Wroclaw: Ossolineum.

Jerzak, L. (1995). Breeding ecology of an urban magpie *Pica pica* population in Zielona Góra (SW Poland). *Acta orn.* **29**, 123-133.

Kristiansson, H. (1984). *Ecology of a hedgehog (Erinaceus europaeus) population in southern Sweden*. PhD thesis, University of Lund.

Lambert, A. (1990). *L'exploitation des ressources alimentaires par le Blaireau eurasien (Meles meles L., 1758) : de la description du régime à l'étude de la prédation*. PhD thesis, University of Orléans.

Luniak, M., Mulsow, R. and Walasz, K. (1990). Urbanization of the European Blackbird expansion and adaptations of urban population. In *Urban ecological studies in Central and Eastern Europe*: 167-181. Luniak, M. (Ed.). Wroclaw: Ossolineum.

Luniak, M., Kozlowski P. and Nowicki, W. (1997). Magpie *Pica pica* in Warsaw abundance, distribution and changes in its population. *Acta orn.* **32**, 77-87.

Luniak, M. (2004). Synurbization - adaptation of animal wildlife to urban development. In *Proceedings of the 4th International Urban Wildlife Symposium*: 5-55. Shaw, W.W., Harris, L.K. and VanDruff, L. (Eds). Tucson: University of Arizona.

Macdonald, D.W. and Newdick, M.T. (1982). The distribution and ecology of foxes, *Vulpes vulpes* (L.) in urban areas. In Urban ecology: 123-138. Bornkamm, R., Lee, J.A. and Seaward, M.R.D. (Eds.). Oxford: Oxford University Press.

Magura, T., Tóthmérész, B. and Molnár, T. (2004). Changes in carabid beetle assemblages along an urbanisation gradient in the city of Debrecen, Hungary. *Landscape Ecol.* **19**, 747-759.

Marzluff, J.M. (2001). Worldwide urbanization and its effects on birds. In *Avian ecology in an urbanizing world*: 19-47. Marzluff, J.M., Bowman, R. and Donnelly, R. (Eds.). Norwell: Kluwer Academic.

McKinney, M.L. (2002). Urbanization, biodiversity, and conservation. *Bioscience* **52**, 883-890.

Micol, T., Doncaster, C.P. and Mackinlay, L.A. (1994). Correlates of local variation in the abundance of hegehogs (*Erinaceus europaeus*). *J. Anim. Ecol.* **63**, 851-860.

Morris, B. (1961). Some observations on the breeding season of the hedgehog and the rearing and handling of the young. *Proc. Zool. Soc. Lond.* **136**, 201-206.

Morris, P.A. (1985). The effects of supplementary feeding on movements of hedgehogs (*Erinaceus europaeus*). *Mamm. Rev.* **15**, 23-32.

Morris, P.A. (1988). A study of home range and movements in the hedgehog (*Erinaceus europaeus*). *J. Zool. Lond.* **214**, 433-449.

Pickett, S.T.A. and Cadenasso, M.L. (2008). Altered resources, disturbance, and heterogeneity: A framework for comparing urban and non-urban soils. *Urban Ecosyst.* DOI 10.1007/s11252-008-0047-x.

Reeve, N.J. (1981). *A field study of the hedgehog (Erinaceus europaeus) with particular reference to movement and behaviour.* PhD thesis, University of London.

Reeve, N.J. (1994). *Hedgehogs.* London: Poyser.

Riley, S.P.D., Hadidian, J. and Manski, D.A. (1998). Population density, survival, and rabies in raccoons in an urban national park. *Can. J. Zool.* **76**, 1153-1164.

Robaa, S.M. (2003). Urban-suburban/rural differences over Greater Cairo, Egypt. *Atmosfera* **16**, 157-171.

Southwood, T.R.E. (1978). *Ecological methods with particular reference to the study of insect populations.* 2nd edn. London: Chapman & Hall.

Stewart, P.D., Macdonald, D.W., Newman, C. and Cheeseman, C.L. (2001). Boundary faeces and matched advertisement in the European badger (*Meles meles*): a potential role in range exclusion. *J. Zool. Lond.* **255**, 191-198.

Tomialojc, L. (1976). The urban population of the wood pigeon *Columba palumbus* Linneaus 1758 in Europe - its origin, increase and distribution. *Acta zool. cracov.* **21**, 586-631.

Turner, C.D. and Bateson, P. (1988). *The domestic cat: the biology of its behaviour.* Cambridge: Cambridge University Press.

Woodroffe, R., Macdonald, D.W. and da Silva, J. (1995). Dispersal and philopatry in the European badger, *Meles meles. J. Zool. Lond.* **237**, 227-239.

Wroot, A.J. (1984). *Feeding ecology of the European hedgehogs Erinaceus europaeus L.* PhD thesis, University of London.

Yalden, D.W. (1976). The food of the hedgehog in England. *Acta Theriol.* **21**, 401-424.

Table I. Logarithm (± standard deviation) of the mean earthworm and arthropod biomasses, pet food abundance index and distance to the nearest sett for the 6 transects situated in the urban area and the 37 transects situated in the rural one. Mean values were compared with t student test (see t and p values).

	Earthworm's biomass	Arthropod's biomass	Pet food abundance index	Distance from to the nearest badger's sett
Log mean urban ± SD	2.90 ± 0.06	2.44 ± 0.23	0.84 ± 0.22	3.16 ± 0.03
Log mean rural ± SD	2.81 ± 0.03	3.42 ± 0.03	-0.13 ± 0.10	2.94 ± 0.04
Multiplication rate from urban to rural area	1.09	0.38	2.61	1.25
t value	1.22	-4.11	3.97	3.7
p value	0.249	0.008	0.004	< 0.001

Table II. Results of GLM analysis (quasipoisson function log link) testing the influence of four environmental variables on hedgehog abundance. pdetect=detection probability, loc= transect location (urban *vs* rural area), badger= distance (m) from transect to the nearest badger sett, earthworm= biomass of earthworms per transect strip (in kg/ha), arthropod= biomass of arthropods per transect strip (in kg/ha), petfood= petfood abundance index estimated from number of cats detected per transect and number of garden per transect strip.

Number of hedgehog caught ~	d.f[1]	F ratio[1]	P value
pdetect	1, 41	2.32	0.13
pdetect+loc	1, 40	29.24	<0.001
pdetect+loc+earthworm	1, 39	**7.34**	**0.009**
pdetect+earthworm+loc	1, 39	35.70	<0.001
pdetect+loc*earthworm	1, 38	0.005	0.93
pdetect+loc+petfood	1, 39	**8.54**	**0.005**
pdetect+petfood+loc	1, 39	12.15	0.001
pdetect+loc*petfood	1, 38	1.65	0.20
pdetect+loc+arthropod	1, 39	0.10	0.74
pdetect+loc+badger	1, 39	0.12	0.72
pdetect+loc+earthworms+petfood	1, 38	6.14	0.01
pdetect+loc+petfood+earthworms	1, 38	4.53	0.03

(1) test for the effect of the last variable added in the model adjusted to other variables

Table III. Results of GLM analysis (binomial function, logit link) testing the influence of four environmental variables on the proportion of juvenile and adult hedgehogs.

loc= transect location (urban *versus* rural area), badger= distance (m) from transect to the nearest badger sett, earthworm= biomass of earthworms per transect strip (in kg/ha), arthropod= biomass of terrestrial arthropods per transect strip (in kg/ha), pet food= pet food abundance index estimated from number of cats detected per transect and number of garden per transect strip.

	d.f.	χ^2	P value
loc	1	0.30	0.57
loc+badger	1	6.87	0.009**
loc*badger	1	9.35	0.002**
loc+arthropod	1	4.38	0.036*
loc*arthropod	1	0.39	0.53
loc+earthworm	1	0.13	0.71
loc+petfood	1	0.04	0.83
loc+badger+arthropod	1	7.27	0.007**
loc+arthropod+badger	1	9.76	0.002**

Figure captions

Figure 1. Location of the study area in France, delimitation of the urban and rural areas and location of the 500 m transects used to estimate hedgehog densities at night with the help of infrared binoculars.

Figure 2. Mean (± standard deviation) earthworms (2a) and arthropods (2b) biomasses per habitat estimated from the five samples carried out in each habitat three times during 2007.

Figure 1

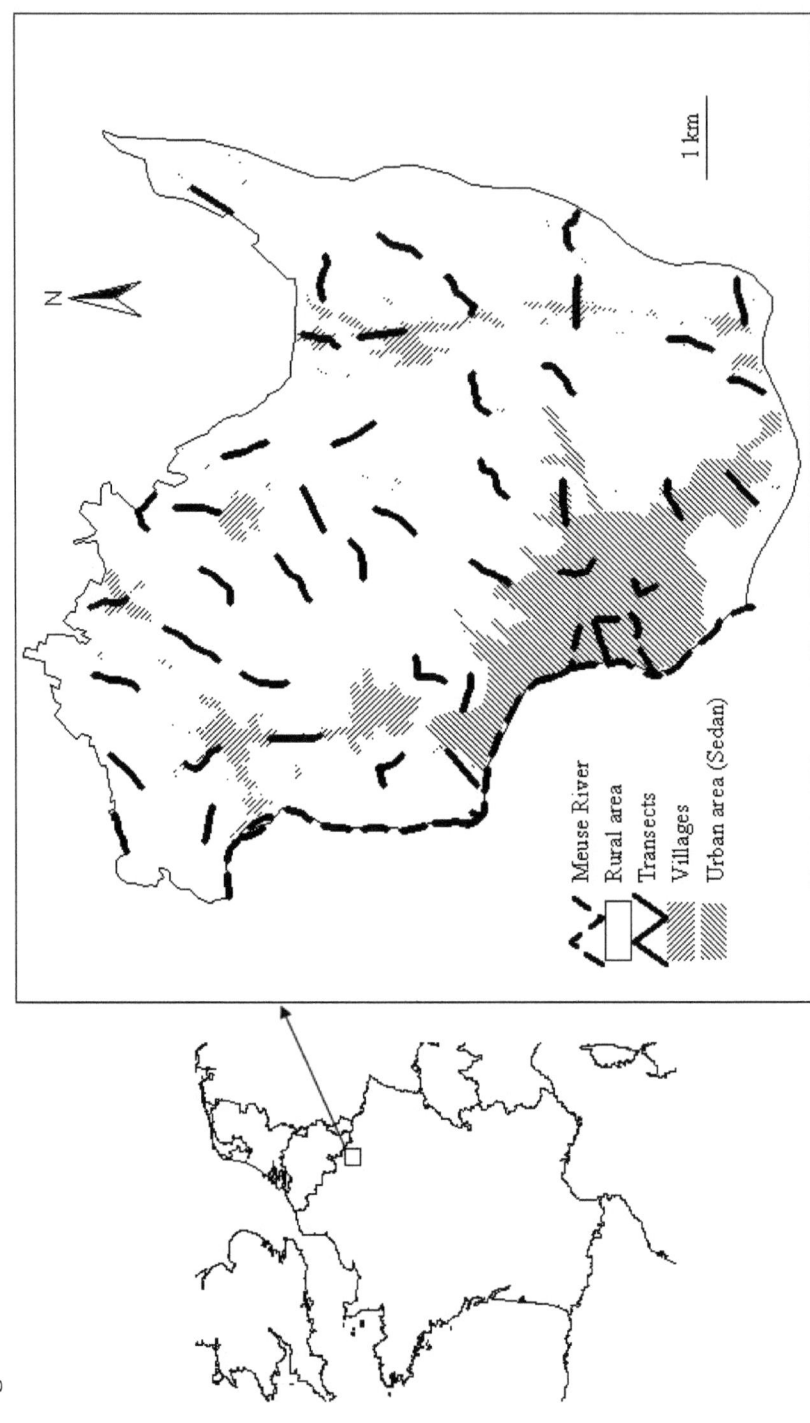

Figure 2a

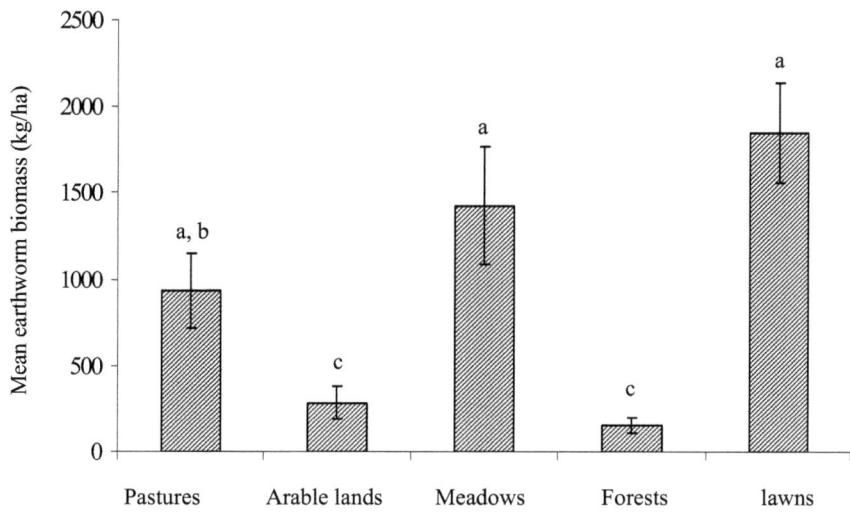

Figure 2b

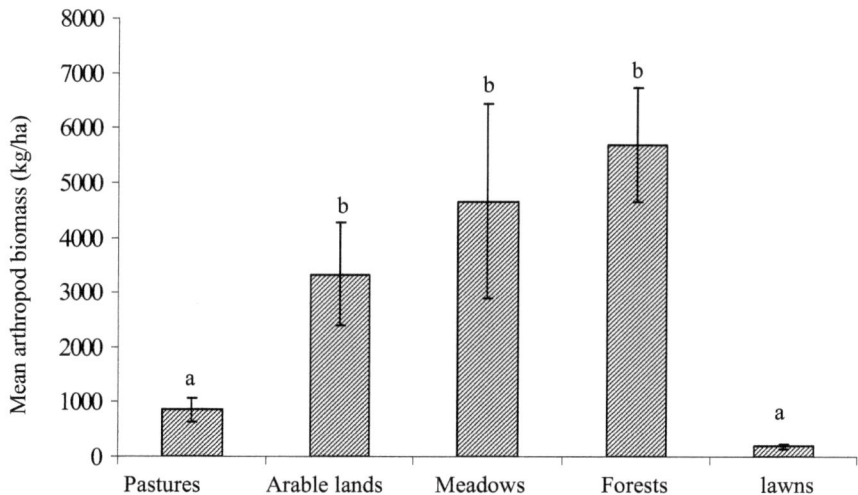

II.3. Discussion

En accord avec les résultats des études menées sur des populations de hérissons dans différents habitats et de celles menées sur des populations d'espèces "urban adapters" (Berthoud 1982, Doncaster 1994, Luniak 2004), la densité de hérissons estimée dans notre étude s'avère bien plus élevée en zone urbaine qu'en zone rurale (36,5 ± 15,2 individus/km² *versus* 4,4 ± 1,3 individus/km²). Cette différence ne semble pas liée à une natalité plus importante en ville, puisque la productivité des hérissons (nombre de jeunes par adulte) est équivalente en zone urbaine et en zone rurale. Cependant, pour appuyer nos résultats il serait intéressant de disposer de plus de données de capture concernant les jeunes hérissons, notamment par des recherches de terrain encore plus intenses.

Par ailleurs, dans de futures études, le nombre de transects situés en ville pourrait être augmenté afin de mieux rendre compte de la composition très hétérogène du paysage urbain. De plus, peut-être que le comportement des hérissons en ville et en campagne diffère du point de vue des déplacements ou des heures de sorties des individus, ce qui serait susceptible d'avoir une influence sur la probabilité de détection des hérissons dans chaque milieu et donc sur la densité estimée.

Parmi les quatre facteurs écologiques testés, seule la disponibilité de la nourriture pour animaux domestiques semble contribuer à la forte densité de la population urbaine, car elle est trois fois plus importante en ville qu'en campagne et semble favoriser la présence de hérissons adultes sur les transects. La disponibilité en lombrics joue certainement un rôle sur l'abondance des hérissons mais le fait qu'elle soit similaire en ville et en campagne suggère qu'elle n'est pas à l'origine de la forte densité de population enregistrée en ville. De façon inverse, même si les blaireaux sont absents de notre zone urbaine, ce facteur ne peut pas expliquer la densité élevée de hérissons urbains puisque la proximité d'un terrier de blaireau n'a pas d'effet sur le nombre de hérissons observés par transect. Enfin, les arthropodes terrestres ne sont sans doute pas responsables de la forte densité de hérissons enregistrée en ville, puisqu'ils y sont bien moins abondants qu'en campagne. Ces résultats suggèrent que seule une combinaison de plusieurs facteurs, incluant certainement d'autres facteurs que la pression de prédation et la disponibilité alimentaire, serait à même d'expliquer la différence de densité observée entre zone urbaine et zone rurale.

Il serait cependant intéressant, pour préciser d'avantage l'impact de l'apport de nourriture d'origine anthropique sur les populations de hérissons, d'affiner les méthodes d'estimation de la disponibilité en croquettes et pâté pour chats/chiens, en intensifiant, par exemple, les questionnaires. Par ailleurs, nous avons directement observé des hérissons qui cherchaient leur nourriture autour des poubelles ou encore en pleine consommation de gâteaux laissés au sol. L'étude du régime alimentaire des hérissons présents en ville permettrait d'évaluer les proportions respectives de la nourriture d'origine naturelle, de la nourriture pour animaux domestiques et d'autres ressources alimentaires d'origine anthropique utilisées par les hérissons

Si la disponibilité de nourriture n'est pas responsable de la forte densité de hérissons enregistrée en ville, alors peut-être que la différence de densité entre ville et campagne est liée à une différence du taux de survie des individus. En effet, quelques études ont suggéré qu'une hausse de densité pouvait être la conséquence d'un taux de survie des individus plus élevé en milieu urbain qu'en milieu rural (Luniak 2004, McCleery et al. 2008). Cependant, les études sont encore trop peu nombreuses sur le sujet pour affirmer qu'une élévation du taux de survie est une caractéristique commune des populations urbaines.

En plus d'une différence de densité de population entre zone urbaine et zone rurale, une légère différence de densité s'observe aussi entre l'année 2006 et 2007 (tableau 2). La densité de la population urbaine semble avoir légèrement diminuée, tandis que celle de la population rurale semble être restée la même. D'ailleurs, en 2007, très peu de captures ont été réalisées dans deux zones urbaines où de nombreux hérissons avaient été capturés l'année précédente.

Tableau 2. Densité de population de hérissons estimée en 2006 et 2007, en zone urbaine et en zone rurale

Année	Zone urbaine	Zone rurale
2006	42,4 ± 19,7	4,4 ± 1,4
2007	32,7 ± 13,8	4,2 ± 2,0

Des conditions environnementales plus clémentes en zone urbaine qu'en zone rurale pendant l'hiver 2006-2007 pourraient avoir permis une meilleure survie de hérissons en ville. L'hiver est une période au cours de laquelle la mortalité des hérissons peut s'avérer importante (Kristiansson 1990, Reeve 1994) et les quelques degrés de différence fréquemment enregistrés entre la ville et la campagne (de 1°C à 12°C plus élevé selon la ville, Botkin &

Beveridge 1997) pourraient avoir suffi pour permettre une meilleure survie et aurait pu ainsi contribuer à une densité plus élevée des populations urbaines.

Cependant, les autres facteurs de mortalité qui affectent les populations de hérissons sont également à explorer. Ces animaux sont souvent victimes du trafic routier (Huijser 2000) et les routes, en règle générale, sont plus concentrées en ville qu'en campagne. Il est donc peu probable qu'une plus faible mortalité routière contribue à la densité plus élevée des populations urbaines de hérissons. Il est cependant à prendre en considération que les personnes au volant des véhicules peuvent avoir plus de difficultés à éviter les hérissons qui s'engagent sur les routes en campagne, en raison de la vitesse plus élevée de circulation et du peu de visibilité de nuit, sans éclairage public.

L'empoisonnement par des produits chimiques, principalement les pesticides, constituerait, selon l'étude de Berthoud (1982), 26% des causes de décès de hérissons en Suisse. En conséquence, des pesticides utilisés dans la zone rurale de notre terrain d'étude pourraient avoir une influence sur l'abondance de hérissons. L'effet de l'utilisation des pesticides sur la dynamique des populations de hérissons (et d'autres espèces) mériterait d'être étudiée de façon approfondie, en zone rurale et urbaine.

La condition physique des individus peut également avoir une influence sur la probabilité de survie tout au long de l'année et, en particulier, pendant les périodes d'hibernation (Reeve 1994). De même, la charge parasitaire est à prendre en compte puisque des charges parasitaires importantes sont susceptibles d'affaiblir les hérissons (Stocker 1987, Reeve 1994, Egli 2004). Dans la suite de l'étude, nous avons donc cherché à savoir si la localisation des hérissons (en zone urbaine ou en zone rurale), avait un effet sur la probabilité de survie des individus, et si cette probabilité n'était pas liée à leur condition physique et à leur charge parasitaire. Nous avons également été amenés à nous intéresser à l'effet potentiel des différences de températures pouvant exister entre une zone urbaine et une zone rurale ("urban heat island") sur la survie des hérissons.

III. EFFET DE L'URBANISATION SUR LES TAUX DE SURVIE ET LA CONDITION PHYSIQUE DES INDIVIDUS

III.1. Introduction

La survie d'un animal dépend, notamment, des caractéristiques biotiques et abiotiques de son environnement. Les modifications de ces paramètres comme, par exemple, une réduction de la disponibilité des ressources alimentaires ou l'apparition d'un nouveau facteur de mortalité, affectent directement la survie des individus et les caractéristiques des populations, notamment la densité (Williams *et al.* 2001). L'accroissement de la densité en milieu urbain peut ainsi être associé à une hausse du taux de survie, comme le montrent les études conduites par Grégoire (2002) sur les merles et celle de McCleery *et al.* (2008) sur l'Écureuil fauve. La probabilité de survie enregistrée dans la population de merles adultes de la ville de Dijon s'élève à 0,50 contre 0,14 pour la même espèce en habitat forestier, tandis que le taux de survie annuel de l'écureuil fauve est légèrement supérieur dans un campus universitaire urbain du Texas que dans la campagne environnante de l'est des États-Unis (0,97 *versus* 0,93). Cependant, à l'exception de ces quelques études, le lien entre augmentation de densité et augmentation du taux de survie dans les populations synurbaines n'est pas mis en évidence, en particulier en ce qui concerne les mammifères. Par ailleurs, les facteurs de l'environnement à l'origine d'une possible augmentation du taux de survie dans les populations synurbanisées restent à identifier. Une réduction de la pression de prédation en zone urbaine, combinée à un environnement favorable, notamment en ce qui concerne la disponibilité alimentaire du milieu et les conditions climatiques, pourrait en être à l'origine (Adams *et al.* 2006, Luniak 2004).

Les ressources alimentaires disponibles dans l'environnement permettent aux animaux de se constituer des réserves énergétiques, principalement sous forme de lipides. Il n'y a pas nécessairement de lien direct entre la disponibilité des ressources dans le milieu et la quantité de réserves énergétiques stockée par un individu. Beaucoup d'oiseaux, par exemple, même s'ils ont accès à des ressources de nourriture abondantes, ne stockent pas des réserves de graisse en excès pour autant, puisqu'une augmentation de masse corporelle peut conduire à une chute de la performance de vol et donc a une augmentation de la vulnérabilité face aux prédateurs (Lima 1986). Cependant, le stockage de réserves énergétiques est indispensable à la survie des animaux qui ont à affronter des périodes de disette, de froid ou de reproduction, et, dans ce cas, il est souvent lié à la disponibilité alimentaire dans l'environnement (Young 1976, Deutsch et al. 1990, Millar & Hickling 1990).

Plusieurs indices de condition physique ont été développés pour apprécier l'état physiologique d'un individu, l'importance de ses réserves énergétiques et sa capacité à survivre en période de disette. Celui le plus souvent utilisé chez les mammifères est obtenu en divisant la masse corporelle par la longueur d'une partie du corps (Angerbjorn 1986). Cet indice a été critiqué dans l'étude de petits rongeurs, puisqu'il ne semblait pas significativement lié à la quantité de réserves lipidiques réelle (Krebs & Singleton 1993, Schulte-Hostedde et al. 2001). Cependant, il reste un indicateur intéressant de la corpulence, s'il est combiné à d'autres indices et dans le cas d'espèces pour lesquelles les individus ont une masse corporelle supérieure à celle des micromammifères et susceptible de varier fortement au cours du cycle annuel en fonction la variation de la quantité de réserves lipidiques. Ces dernières sont généralement stockées sous la peau (Young 1976). L'estimation de l'épaisseur du pli cutané des animaux peut ainsi venir compléter celle de la condition physique. Enfin la présence de parasites externes, ou ectoparasites, est également utilisée comme indicateur de l'état physiologique des individus car elle peut avoir des conséquences négatives sur la condition physique des animaux et sur leur survie (Neuhaus 2003, Fitze 2004). Les ectoparasites prélèvent en effet du sang et des nutriments à leur hôte et peuvent lui transmettre des pathogènes (Kranz 1975). À long terme, ils peuvent affaiblir l'individu parasité, son énergie étant en partie canalisée vers le système immunitaire (Møller et al. 1999, Khokhlova et al. 2002).

La condition physique des individus est susceptible d'avoir une incidence sur le taux de survie dans les populations de hérissons, puisque ce mammifère est un hibernant qui doit constituer des réserves de graisses suffisantes pour pouvoir survivre aux conditions automnales et hivernales. La plupart des mortalités dans les populations de hérissons a lieu au cours de l'hiver, surtout s'il est rigoureux (Kristiansson 1990, Somers & Verhagen 1999). L'accumulation de réserves de graisses en période d'activité et leur utilisation pendant la période d'hibernation sont les principaux responsables des variations de masse corporelles des individus de cette espèce au cours d'une année (Kristoffersson & Suomalainen 1964, Reeve 1994, Cherel *et al.* 1995). De plus, les hérissons peuvent être porteurs de charges parasitaires importantes, susceptibles de les affaiblir (Stocker 1987, Reeve 1994, Egli 2004, obs. pers.). Ils peuvent peut ainsi nourrir plusieurs espèces d'ectoparasites comme les tiques (majoritairement *Ixodes hexagonus* et *Ixodes ricinus*) et les puces (majoritairement *Archeopsylla erinacei*, spécifique du hérisson). Des individus ont déjà été observés couverts de plus de 150 tiques, et d'autres porteurs de plus de mille puces (Stocker 1987).

Dans le cadre de la présente étude, nous avons testé l'hypothèse selon laquelle le taux de survie de la population urbaine de hérissons était plus élevée que celui de la population rurale voisine, du fait d'une meilleure condition physique des individus, elle-même liée à une disponibilité alimentaire d'origine anthropique plus élevée (voir chapitre II) et/ou à des conditions hivernales moins rigoureuses (hypothèse de l'"urban heat island", Oke 1995). Notre premier objectif a donc été de comparer le taux de survie de la population urbaine étudiée à celui de la population rurale voisine. Puisque les hérissons ne peuvent pas être suivis de manière exhaustive au cours du temps (Lebreton *et al.* 1992), notre étude a reposé sur l'analyse du devenir d'une fraction marquée d'individus de chaque population, que l'on revoit ou non au cours du temps (analyse de données de capture-marquage-recapture). Notre second objectif était de comparer la condition physique des individus des populations urbaine et rurale sur la base de trois indices: la corpulence, l'épaisseur du pli cutané et la charge d'ectoparasites. Enfin, nous avons estimé l'amplitude des différences de températures entre la zone urbaine et la zone rurale considérées, en particulier pendant l'hiver et au début du printemps. Les hérissons peuvent en effet rencontrer des difficultés à se nourrir au cours de ces périodes (lorsqu'ils sortent périodiquement d'hibernation), puisque l'activité des lombrics et arthropodes terrestres en période de gel est généralement réduite (Danilevsky *et al.* 1970, Nördstrom 1975, Kruuk 1978)

III. 2. Matériel et méthodes

III. 2.1. Capture-marquage-recapture

Les captures de hérissons ont été réalisées sur le terrain d'étude décrit dans le chapitre II, sur les transects utilisés pour l'estimation de la densité et sur quinze zones de capture définies lors de prospections préliminaires réalisées en avril et mai 2006 pour identifier les lieux où la probabilité de captures d'individus semblait élevée. Six zones de capture facilement accessibles ont été définies en zone urbaine et neuf zones en zone rurale (figure 4). Celles situées en zone urbaine correspondent principalement à des espaces verts publics (un en centre-ville et cinq en milieu suburbain), leur superficie cumulée représente 23 ha, tandis que celle des neufs zones rurales s'élève à 53 ha. Chacune d'entre elles a été parcourue à pied deux fois par mois à partir de juin 2006, jusqu'en décembre 2006 et de mars 2007 à décembre 2007, afin d'y repérer des hérissons.

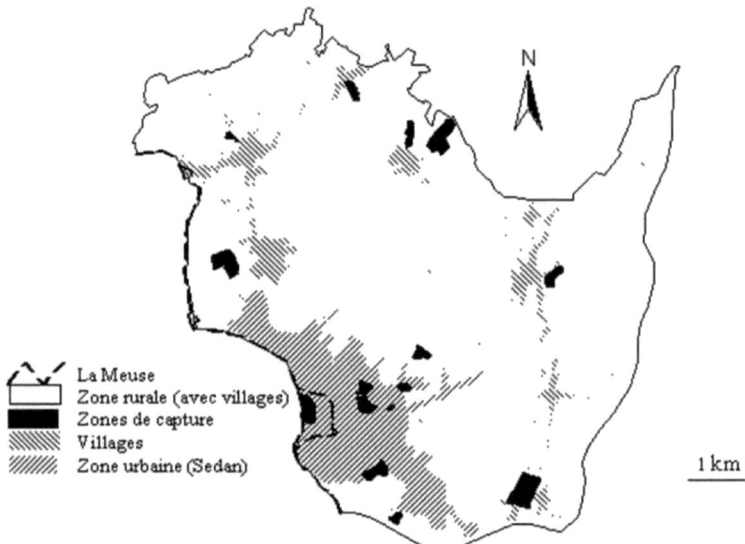

Figure 4. Localisation des six zones de captures situées en zone urbaine et des neuf zones de captures situées en zone rurale

Les hérissons détectés aux jumelles thermiques ont été systématiquement capturés, de la même façon que lors des captures sur les transects (voir chapitre II). Les conditions météorologiques et l'heure de la capture ainsi que la localisation GPS, la classe d'âge et le sexe de l'animal ont été notés. Lors de leur première capture, les hérissons ont été équipés d'un transpondeur et de six petits tubes colorés (en gaine électrique de 2 mm de diamètre) fixés avec de la glue aux piquants (figure 5). La couleur et la position des tubes sur le dos des hérissons ont permis une identification préliminaire lors des recaptures, confirmée ensuite par la lecture du transpondeur (A-TS12c, ABBI).

Figure 5. Identification individuelle des hérissons
En a) Fixation, à la glue, d'un tube coloré sur les piquants, en b) Injection d'un transpondeur en sous-cutané

III.2.2. Estimation du taux de survie

Principe d'analyse des données de capture-marquage-recapture (CMR)

L'estimation de la probabilité de survie en zone urbaine et en zone rurale a été réalisée à partir des données de CMR obtenues lors de la recherche des hérissons sur les zones de capture. Une « histoire de capture personnelle », constituée de chiffres binaires (0 ou 1), a ainsi été construite pour chaque individu capturé au moins une fois (voir figure 6). Par exemple, l'histoire de capture '101' signifie que l'individu a été capturé à la première session de capture, non recapturé la deuxième et recapturé à la session suivante.

encounter history	probability
111	$\phi_1 p_2 \phi_2 p_3$
110	$\phi_1 p_2 (1 - \phi_2 p_3)$
101	$\phi_1 (1 - p_2) \phi_2 p_3$
100	$1 - \phi_1 p_2 - \phi_1 (1 - p_2) \phi_2 p_3$

Figure 6. Histoires de capture possibles d'un individu dans le cas de 3 sessions de captures et probabilités de survie et de recaptures associées à chaque histoire (d'après Cooch & White 2006)

Φi représente la probabilité que l'individu survive du temps (i) au temps ($i+1$), pi celle qu'il soit vu à la session (i) et ($1-pi$) celle de ne pas le rencontrer à la session (i). Par exemple, la probabilité d'observer un individu marqué à la deuxième session de capture est défini par la probabilité de survie jusqu'à l'occasion 2 (Φ_1), multipliée par la probabilité d'avoir été observé à la deuxième session (le taux de recapture p_2). L'estimation des paramètres Φi et pi est réalisée au sein d'une population à partir du nombre d'individus présentant les mêmes histoires de capture. En d'autres termes, ces paramètres sont estimés selon la probabilité maximale d'obtenir les fréquences des histoires de capture observées. La survie estimée est généralement dénommée « survie apparente » puisqu'elle représente la probabilité que l'animal survive et demeure dans la zone échantillonnée et, par conséquent, qu'il soit observable lors des sessions de captures successives (l'émigration permanente de la population étant indissociable de la mortalité).

Préparation des données et choix du modèle

En premier lieu, nous n'avons considéré que les données de CMR des hérissons adultes, puisque le taux de survie des jeunes, généralement plus faible que celui des adultes, peut biaiser les estimations. De plus, contrairement aux jeunes individus, les adultes ont généralement un domaine vital stable, en particulier les femelles (Reeve 1982, 1994). De ce fait, la survie apparente des adultes reflète sans doute mieux la survie réelle des individus que celle des jeunes, concernés par une phase de dispersion natale (Berthoud 1978).

Afin d'éviter des biais dans l'estimation des taux de survie à cause de la "disparition" des hérissons qui entrent en hibernation, nous avons seulement considéré dans les analyses les mois durant lesquels la majorité des hérissons étaient actifs. Pour notre période d'étude, il s'agit des mois de juin, juillet, août, septembre et octobre 2006 et des mois d'avril, mai, juin, juillet, août, septembre et octobre 2007. Toutes les captures et recaptures ont été regroupées par mois, il en résulte un total de 12 sessions de captures (une par mois) et en conséquence, 11 intervalles de temps entre les sessions. Le 5ème intervalle de temps est celui qui sépare l'année 2006 de l'année 2007.

Le modèle de Cormack-Jolly-Seber (CJS) a été choisi pour traiter nos données de CMR, puisqu'il fournit une estimation de la probabilité de survie apparente à partir de capture et recaptures d'animaux vivants et en population ouverte (migrations possibles), ce qui est conforme à notre situation. Le nombre de paramètres (phi et p) du modèle peut être modifié et certains effets peuvent être pris en compte (voir paragraphe suivant). Pour savoir si le modèle le plus général, c'est-à-dire le modèle qui tient compte des effets à tester et d'un nombre de paramètres maximum, est réellement ajusté à nos données, nous avons effectué un test de

Bootstrap GOF avec 100 simulations. Cette procédure fournit les 100 valeurs de déviance simulées à partir de la valeur des paramètres phi et p, elles-mêmes calculées avec le modèle en question. La moyenne des déviances simulées correspond à la déviance prédite par le modèle. Le rapport déviance observée/déviance prédite est appelée ĉ et constitue l'indice d'ajustement des données au modèle. Si ĉ est supérieur à 1, les données sont sur-dispersées et il faut les corriger en ajustant la valeur de ĉ dans le logiciel. Si ĉ=1 le modèle est bien ajusté aux données. Si ĉ est inférieur à 1, les données sont sous-dispersées et, en règle générale, il n'est pas nécessaire d'ajuster ĉ dans le logiciel. Les travaux d'analyse ont été réalisés avec le logiciel MARK (White & Burnham 1999).

Estimation de la survie en période d'activité et en période hivernale

La procédure de modélisation a débuté par la construction du modèle le plus général nommé {ΦA(sexe*loc*temps); ΦH(sexe*loc); p(sexe*loc+temps)}. Il prend en compte le fait que la probabilité de survie et de recapture peut varier en fonction du temps (indiqué par "temps"), du sexe des individus (indiqué par "sexe"), mais aussi en fonction de la localisation des hérissons, c'est-à-dire en zone urbaine ou en zone rurale (indiqué par "loc"). La probabilité de survie sera estimée, d'une part, pendant la période d'activité et, d'autre part, pendant la période hivernale ("ΦA" et "ΦH"). En effet, comme dans le logiciel MARK il est possible de sélectionner les sessions de capture, et donc les intervalles de temps à partir desquels seront calculées des probabilités de survie, nous avons considéré, d'un coté, les intervalles de temps qui séparent les sessions de capture en période d'activité en 2006 et en 2007 pour calculer la survie en période d'activité et, d'un autre coté, l'intervalle qui sépare les sessions de captures de 2006 de celles de 2007 pour calculer la survie hivernale. Les interactions entre les facteurs ont aussi été testées. Par exemple, si la différence de probabilité de survie entre les sexes est similaire en ville et en campagne, l'interaction Φ(sexe*loc) est non significative.

Les facteurs du modèle général {ΦA(sexe*loc*temps); ΦH(sexe*loc); p(sexe*loc+temps)} sont ensuite peu à peu supprimés pour voir si les différents modèles dérivés obtenus sont mieux ajustés à nos données que le modèle général. Par exemple, le modèle {ΦA(loc); ΦH(loc); p(.)} considère que la probabilité de survie peut varier en fonction de la localisation des individus, et que la probabilité de recapture est constante (indiquée par un "."). Nous avons d'abord modélisé la probabilité de recapture pour ensuite modéliser la probabilité de survie à partir des deux meilleurs modèles précédemment retenus.

La valeur du critère d'Akaike corrigé (AICc) a été utilisée pour sélectionner le modèle le plus parcimonieux. Si la différence entre les valeurs d'AICc de deux modèles est supérieure à 2, le modèle avec la plus faible valeur d'AICc est meilleur que l'autre (Lebreton *et al.* 1992). Pour comparer les modèles entre eux et ainsi savoir si les effets testés sont significatifs, des tests de rapport de vraisemblance (*LRT Likelihood Ratio Test*, Lebreton *et al.* 1992) ont été utilisés, en veillant à ce qu'il s'agisse bien de modèles emboîtés (un seul effet supprimé d'un modèle à l'autre).

III.2.3. Estimation de la condition physique des individus

Relevé des indices de condition

C'est lors de la capture et de la manipulation des individus que les mesures relatives à la condition physique ont été réalisées, que ce soit pendant les sessions de terrain sur les transects (voir Chapitre II) ou sur les zones de capture. Les individus étant généralement roulés en boule après leur capture, nous avons appliqué la méthode décrite par Reeve (1994), pour pouvoir les déplier et les manipuler sans anesthésie: le hérisson est placé à plat sur les deux paumes des mains puis il est doucement ballotté de haut en bas et de gauche à droite jusqu'à ce qu'il se détende et se déplie de lui même. Il est alors possible d'écarter les mains qui se retrouvent finalement l'une au niveau de la tête, et l'autre tout à l'arrière du corps. Sans mouvement brusque, le hérisson peut être relevé à la verticale laissant libre accès à sa face ventrale. Deux personnes devaient donc être présentes à chaque capture pour pouvoir à la fois maintenir le hérisson déroulé et prendre les mesures nécessaires. Les mesures ont été prises systématiquement lors de la première capture d'un hérisson et lorsque possible, à chaque mois d'intervalle. Seules les mesures prises sur des hérissons adultes ont été analysées, puisque elles varient considérablement au cours de la croissance chez les jeunes.

Les individus ont été pesés (au gramme près) sur une balance de cuisine et leurs tarses ont été mesurés (au mm près) avec un mètre ruban. La corpulence de chaque individu a été estimée par le rapport de sa masse corporelle sur la longueur moyenne de ses tarses. L'état d'engraissement des hérissons a été évalué en mesurant, avec les doigts, l'épaisseur approximative du pli cutané au niveau du sternum de l'animal (Gordon 1998). Les indices définis selon l'épaisseur de la couche adipeuse vont de 1 - qui correspond à un individu maigre - jusqu'à 5 -qui équivaut à un individu très gras (pli >4cm). Pour éviter un biais dans l'estimation de l'épaisseur du pli cutané, un seul même observateur a réalisé toutes les mesures. La présence ou l'absence de tiques portées par les hérissons a été notée pour chaque capture de l'année 2006 et, à partir du mois de mai 2007, la charge parasitaire de tiques a été évaluée par le biais de 7 catégories correspondant approximativement au nombre de tiques portées par les hérissons (0-5, 6-10, 11-20, 21-50, 51-100, 101-200, >200). La présence/absence de puces a également été notée à chaque capture.

Analyses statistiques

La normalité des distributions des données de corpulence et de pli cutané a été testée avec un test de Shapiro-Wilks, après la transformation des valeurs de corpulence en valeurs logarithmiques. La relation entre les indices de condition physique et la localisation des hérissons (zone urbaine/zone rurale), le sexe et de la date de capture (année et mois) a été testée à l'aide de modèles linéaires à effets mixtes, qui prennent en compte le fait que nos données soient parfois répétées (plusieurs captures pour un même individu). Les interactions entre les différentes variables ont également été testées. La variable « mois », à la base qualitative (avril, août, etc.), a été transformée en variable quantitative (avril=4, août=8, etc.) lors de l'analyse des corpulences et des plis cutanés des hérissons, puisque la variation de ces indices au cours de l'année est supposée être linéaire. Cette procédure permet de gagner en précision lors de la réalisation des tests statistiques avec les modèles linéaires à effets mixtes. Dans le cas de l'indice de charge parasitaire, la prévalence de tiques et de puces sur les hérissons a été comparée entre la zone urbaine et la zone rurale avec un test exact de Fisher. Le fait de disposer de la valeur de chacun des trois indices pour un individu donné a également permis de tester, toujours à l'aide de modèles linéaires à effets mixtes, la relation entre la charge parasitaire, la corpulence et l'épaisseur du pli cutané des hérissons.

III. 2.4. Relevé des températures hivernales

Dans le but d'estimer les différences de températures pouvant exister entre la zone urbaine et la zone rurale, six thermomètres enregistreurs autonomes (température loggers iButton, DS1922L, Dallas Maxim Integrated Products, U. K.; sensibilité ± 0,5 °C) de petite taille (disques de 17 mm de diamètre et 6 mm d'épaisseur pour un poids de 3 g) ont été programmés avant d'être placés sur le terrain d'étude : trois ont été placés en zone urbaine (V1, V2 et V3) et trois autres en zone rurale (C1, C2 et C3) (figure 7). Ils ont donc été localisés de façon à être espacés les uns des autres, dans des endroits privés (avec accord du propriétaire des lieux) pour réduire le risque élevé de perte ou de vol de ces thermomètres, compte tenu de leur taille réduite. Les thermomètres ont été placés à l'abri du vent et près du sol, c'est-à-dire au plus près possible de la hauteur approximative d'un hérisson (environ à 12 cm). Ils ont enregistré simultanément les températures à partir du 19 janvier 2008 jusqu'au 15 mai 2008, à raison d'un relevé toutes les 45 min, soit 3751 relevés de température par thermomètre. En dépit des précautions prises pour éviter de les perdre, seuls V1, V2, V3, C1 et C2 ont été facilement récupérés sur le terrain. Malgré nos recherches, C3 est resté introuvable.

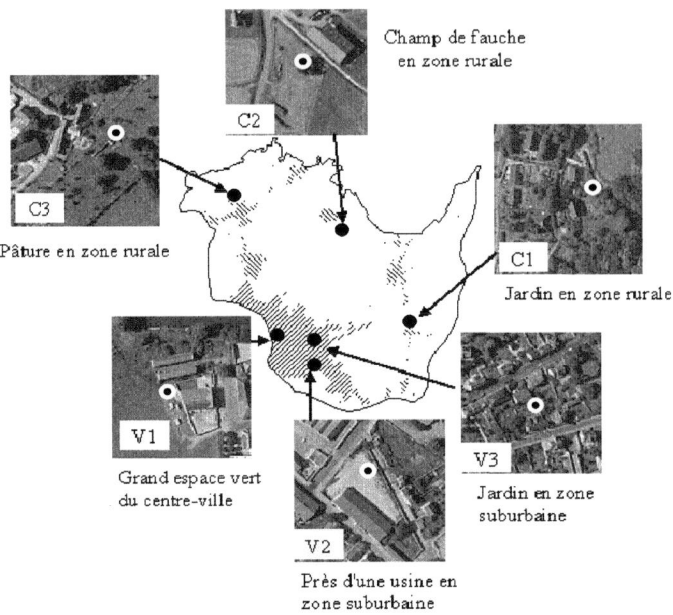

Figure 7. Emplacement des thermomètres autonomes sur le terrain d'étude

Pour comparer les températures en zone urbaine et rurale, la température enregistrée à chacun des cinq sites a été soustraite, lors de chaque relevé, à la moyenne des cinq sites réunis. Cette procédure permet de s'affranchir de la variation commune de température au cours du temps et ensuite de comparer le sens et l'importance des écarts à la moyenne des thermomètres urbains à ceux des thermomètres ruraux. L'analyse peut être réalisée de façon globale sur tous les relevés, ou en tenant compte seulement des périodes nocturnes, ou encore des périodes de gel. Afin d'être un peu plus précis dans l'analyse des températures négatives, la moyenne des températures des thermomètres urbains et celle des thermomètres ruraux ont été calculées pour comparer le nombre de relevés négatifs en campagne à celui enregistré en ville.

III. 3. Résultats

III.3.1. Comparaison des taux de survie en zone urbaine et en zone rurale

La recherche régulière de hérissons dans les zones de capture en 2006 et en 2007 a permis l'identification de 98 hérissons adultes, dont 31 femelles et 27 mâles en zone urbaine, et 25 femelles et 15 mâles en zone rurale. Les histoires de capture ont été construites pour chaque individu et regroupées lorsqu'elles étaient identiques (tableau 3).

Tableau 3. Fréquence d'apparition des histoires de captures dans chaque groupe de hérissons : Femelles urbaines (FV), femelles rurales (FC), mâles urbains (MV), et mâles ruraux (MC)

```
                              FV   FC   MV   MC
1 1 1 1 0 0 1 0 0 0 0          1    0    0    0
1 1 1 1 0 0 0 1 1 1 0          1    0    0    0
1 0 1 1 0 0 0 0 0 0 0          1    0    0    0
1 0 0 1 0 1 1 0 0 0 0          0    1    0    0
1 0 0 1 0 0 0 0 0 0 0          1    0    0    0
1 0 0 0 0 0 0 0 0 0 0          2    1    3    2
0 1 1 0 0 1 1 0 0 1 1          0    1    0    0
0 1 1 0 0 1 1 0 0 0 0          0    1    0    0
0 1 0 1 0 0 0 0 0 0 0          1    0    0    0
0 1 0 0 1 0 0 0 0 0 0          0    0    0    1
0 1 0 0 0 0 1 0 0 1 0          1    0    0    0
0 1 0 0 0 0 0 1 0 0 0          1    0    0    0
0 1 0 0 0 0 0 0 0 0 0          2    0    1    4
0 0 1 1 1 0 0 0 0 0 0          0    1    0    0
0 0 1 0 0 0 1 0 0 0 0          1    0    1    0
0 0 1 0 0 0 0 1 0 0 0          0    1    0    0
0 0 1 0 0 0 0 0 0 0 0          0    1    2    2
0 0 0 1 1 0 0 0 0 0 0          1    1    0    0
0 0 0 1 0 1 0 0 0 0 0          1    0    1    0
0 0 0 1 0 0 0 0 1 1 0          1    0    0    0
0 0 0 1 0 0 0 0 0 0 0          4    4    2    0
0 0 0 0 1 1 0 0 0 1 0          0    1    0    0
0 0 0 0 1 0 0 1 1 0 1 0        1    0    0    0
0 0 0 0 1 0 0 0 0 0 0          2    0    0    1
0 0 0 0 0 1 1 1 0 1 1 0        0    0    1    0
0 0 0 0 0 1 1 0 0 0 0          0    0    1    0
0 0 0 0 0 1 0 1 0 0 0          0    0    1    0
0 0 0 0 0 1 0 0 0 0 0          1    1    5    3
0 0 0 0 0 0 1 1 0 0 0          1    0    0    0
0 0 0 0 0 0 1 0 0 0 0          2    1    4    0
0 0 0 0 0 0 0 1 1 0 0          2    0    1    0
0 0 0 0 0 0 0 1 0 0 0          0    2    0    0
0 0 0 0 0 0 0 0 1 1 0          0    1    0    0
0 0 0 0 0 0 0 0 1 0 1 0        1    0    0    2
0 0 0 0 0 0 0 0 1 1 0          0    1    0    0
0 0 0 0 0 0 0 0 1 0 0          1    1    2    0
0 0 0 0 0 0 0 0 0 1 1          0    1    0    0
0 0 0 0 0 0 0 0 0 1 0          1    0    0    0
0 0 0 0 0 0 0 0 0 0 1          0    3    1    0
                      Total   31   25   27   15
```

Le modèle le plus général {ΦA(sexe*loc*temps); ΦH(sexe*loc); p(sexe*loc+temps)} semble ajusté à nos données puisque le rapport déviance observée/déviance prédite est très proche de 1: ĉ=219,3/220,3=0,99. Suite à la construction et à la comparaison des modèles dérivés de ce modèle général, les résultats indiquent que les deux modèles les plus parcimonieux pour l'estimation de la probabilité de recapture sont les modèles {ΦA(sexe*loc*temps);ΦH(sexe*loc);p(.)} et {ΦA(sexe*loc*temps);ΦH(sexe*loc); p(sexe*loc)} (tableau 4, ligne 1 à 4). Le premier considère une probabilité de recapture constante (au cours du temps, entre les sexes, et entre zone urbaine et rurale), et le second une probabilité de capture à la fois influencée par le sexe des individus et par la localisation des hérissons. L'interaction signifie que la différence de probabilité de recapture entre mâles et femelles est différente en zone urbaine et en zone rurale (figure 8). Puisque le modèle qui prend en compte l'interaction entre la localisation et le sexe semble meilleur que celui qui prend en compte un effet additif (p(sexe*loc) meilleur que p(sexe+loc)), les facteurs "sexe" et "loc" n'ont pas été testés séparément dans la modélisation de la probabilité de recapture.

Tableau 4. Simplification du modèle général {ΦA(sexe*loc*temps);ΦH(sexe*loc); p(sexe*loc+temps)}. Les modèles de 1 à 4 ont pour but de modéliser la probabilité de recapture, et à partir des deux modèles les plus parcimonieux obtenus (modèle 2 et modèle 4), la modélisation de la probabilité de survie a pu se poursuivre (modèles 5 à 14). Les modèles les plus parcimonieux sont indiqués en gras.

	Modèle	AICc	ΔAICc	Nombre de paramètres	Déviance
1	ΦA(sexe*loc*temps);ΦH(sexe*loc);p(sexe*loc+t)	379,5	25,1	22	219,3
2	**ΦA(sexe*loc*temps);ΦH(sexe*loc);p(sexe*loc)**	**364,5**	**10,0**	**12**	**229,9**
3	ΦA(sexe*loc*temps);ΦH(sexe*loc);p(sexe+loc)	365,8	11,3	11	233,5
4	**ΦA(sexe*loc*temps);ΦH(sexe*loc);p(.)**	**357,3**	**2,8**	**7**	**234,1**
5	ΦA(sexe*loc);ΦH(sexe*loc);p(.)	357,3	2,9	6	236,4
6	ΦA(sexe*loc);ΦH(sexe*loc);p(sexe*loc)	359,6	5,1	9	232,0
7	**ΦA(sexe+loc);ΦH(sexe+loc);p(.)**	**355,6**	**1,1**	**5**	**236,8**
8	ΦA(sexe+loc);ΦH(sexe+loc);p(sexe*loc)	358,1	3,7	8	232,8
9	**ΦA(sexe);ΦH(sexe);p(.)**	**354,4**	**0,0**	**4**	**237,8**
10	ΦA(sexe);ΦH(sexe);p(sexe*loc)	356,1	1,6	7	232,9
11	ΦA(loc);ΦH(loc);p(.)	369,2	14,7	4	252,6
12	ΦA(loc);ΦH(loc);p(sexe*loc)	359,3	4,8	7	236,1
13	ΦA(.);ΦH(.);p(.)	367,6	13,1	3	253,1
14	ΦA(.);ΦH(.);p(sexe*loc)	357,1	2,6	6	236,2

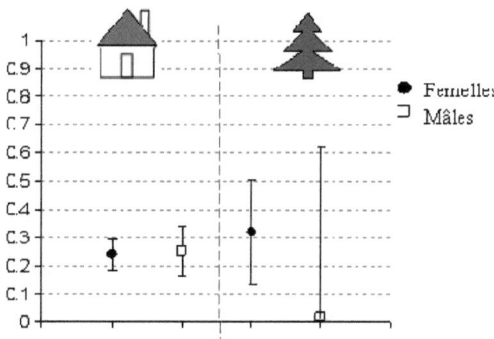

Figure 8. Probabilité de recapture mensuelle des mâles et des femelles, en zone urbaine (maison) et en zone rurale (arbre)

Suite à la modélisation de la probabilité de survie (tableau 4, lignes 5 à 14), les deux modèles qui semblent les mieux ajustés sont les modèles {ΦA(sexe);ΦH(sexe);p(.)} et {ΦA(sexe+loc);ΦH(sexe+loc);p(.)}. Ils considèrent la probabilité de survie dépendante du sexe des d'individus et, dans le cas du second modèle, la probabilité de survie est également dépendante de la localisation des hérissons. Ces modèles ont des valeurs d'AICc proches (ΔAICc=1,1). Un test LRT indique que l'effet de la localisation des hérissons sur la probabilité de survie est non significatif (LRT; χ^2=1,0; p=0,3). S'il semble effectivement y avoir une différence de survie entre les mâles et les femelles, le fait qu'ils soient urbains ou ruraux n'a que peu d'importance. Ainsi, la survie estimée à partir du modèle {ΦA(sexe+loc);ΦH(sexe+loc);p(.)} indique que la survie des femelles est plus élevée que celle des mâles, et également plus élevée en hiver qu'en période d'activité (figure 9).

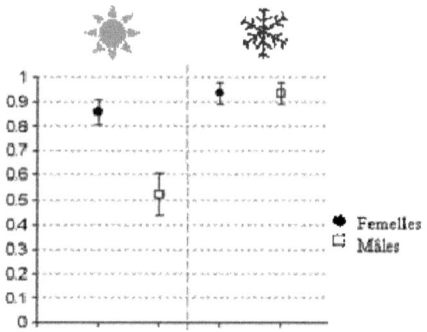

Figure 9. Probabilités de survie apparente mensuelle des mâles et des femelles, en période d'activité (soleil) et en période hivernale (flocon)

Comme il s'agit de probabilités de survie mensuelles, nous avons élevé ces estimations à la puissance 6, pour déterminer la probabilité de survie des hérissons au cours de la période d'activité (6 mois environ). Au cours de cette période, 35% des femelles survivraient contre seulement 3% des mâles.

III. 3.2. Condition physique des individus

Les estimations de la corpulence, de l'état d'engraissement et de la charge parasitaire ont été effectuées lors de 204 captures de 136 hérissons différents, dont une majorité de femelles. La distribution des ces individus est équilibrée entre la zone urbaine et la zone rurale (tableau 5).

Tableau 5. Localisation et sexe des 136 hérissons adultes capturés au moins une fois pendant les sessions de terrain et sur lesquels les analyses de la condition physique ont été effectuées

	Femelles	Mâles	Total
Zone urbaine	40	29	69
Zone rurale	39	28	67
Total	79	57	136

Les données de corpulence ont été transformées en valeurs logarithmiques et elles suivent une distribution normale (test de Shapiro-Wilkins, W=0.99, p=0.20). La corpulence des femelles urbaines semble similaire à celle des femelles rurales. En revanche, les mâles de la zone rurale semblent plus lourds par rapport à la longueur de leurs tarses que les mâles urbains (tableau 6).

Tableau 6 : Effectifs, rapports masse corporelle/longueur des tarses, erreur standard et variance des hérissons adultes mâles et femelles en zone urbaine et en zone rurale

		Femelles	Mâles
Zone urbaine	Effectif	77	37
	Moyenne ± SE	238 ± 4,4	222 ± 5,6
	Variance	1457	1187
Zone rurale	Effectif	57	33
	Moyenne ± SE	243 ± 5,1	241 ± 6,4
	Variance	1490	1372

La distribution de l'indice d'engraissement à partir de la mesure du pli cutané ne montre pas de différence flagrante entre les individus de la zone urbaine et ceux provenant de la zone rurale (figure 10). De la même façon que la corpulence, les données concernant les plis cutanés semblent suivre une loi normale (test de Shapiro-Wilks, zone urbaine: W=0.91, p=0.45, milieu rural: W=0.85, p=0.22).

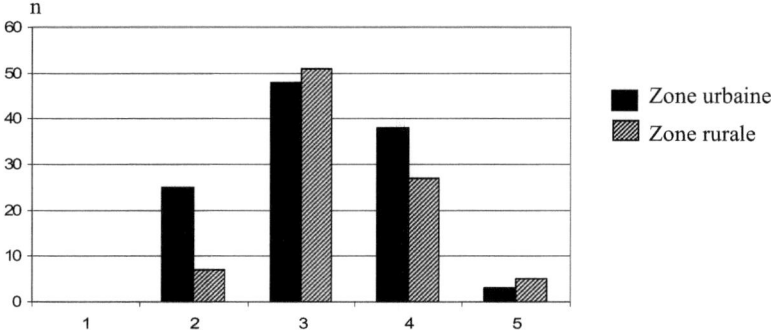

Figure 10. Fréquence d'observation des 204 mesures du pli cutané dans les différentes classes d'état d'engraissement. 1=Maigre, 2=Peu gras, bon muscles. 3=moyennement gras. 4=bien gras. 5=très gras

Un total de 100 données de présence/absence (0/1) de tiques a été récolté en 2006. La prévalence calculée à partir des données est significativement plus élevée en milieu urbain qu'en milieu rural : 62% contre 28% (test exact de Fisher: p<0,001). En 2007, la charge parasitaire des hérissons (0-5, 6-10, 11-20, 21-50, 51-100, 101-200, >200 tiques) a été relevée sur 104 individus (63 en milieu urbain et 41 en milieu rural). La majorité des hérissons se retrouve dans la première catégorie (0-5 tiques) et ceux dont la charge dépasse les 5 tiques sont presque uniquement urbains (figure 11). Au vu de cette distribution, les sept classes initiales ont été regroupées en seulement deux classes (0= 0-5 et 1= plus de 5 tiques). Afin d'analyser les données de 2006 et 2007 ensemble, l'effet « année » été systématiquement pris en compte lors de la construction des modèles linéaires à effets mixtes, ce qui permet d'estimer et de corriger l'effet des différences d'échantillonnage.

La prévalence de puces calculée à partir des 204 relevés s'élève à 42% en zone rurale contre 64% en zone urbaine. Cette différence est significative (Test exact de Fisher : p=0.002).

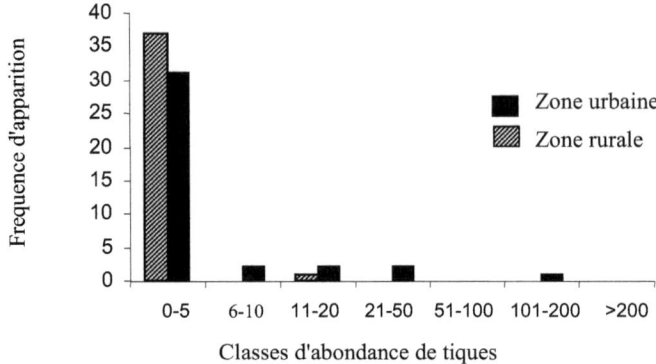

Figure 11. Distribution des hérissons par classes d'abondance de tiques.
Classe 1: 0-5 tiques, classe 2: 6-10, classe 3: 11-20 classe 4: 21-50, classe 5: 51-100, classe 6: 101-200 et classe 7: >200 tiques

Effets de la date de capture, de la localisation et du sexe sur la condition physique

Les résultats des modèles linéaires à effet mixte indiquent que l'année de capture a un effet sur la corpulence des hérissons (ddl=1; F=12,7; p<0,001): en 2007, les hérissons semblent moins corpulents qu'en 2006 (figure 12). La corpulence semble aussi varier au cours des mois (ddl=1; F=34,2; p<0,001). Cette variation reflète une dynamique d'engraissement des hérissons, notamment lors des mois qui précèdent l'hibernation (août, septembre, octobre et novembre) (figure 13). L'interaction non significative entre « l'effet mois » et « l'effet année » indique que cette dynamique se retrouve aussi bien en 2006 qu'en 2007 (mois*année: ddl=1; F=0,62; p<0,43). Au vu de ces premiers résultats, les modèles qui suivent ont été ajustés à l'année et au mois de capture.

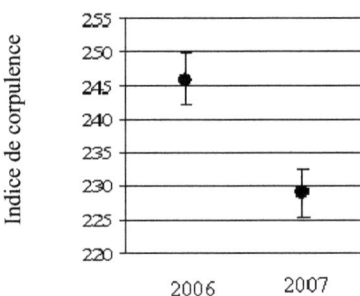

Figure 12. Valeur moyenne et erreur standard de l'indice de corpulence des hérissons

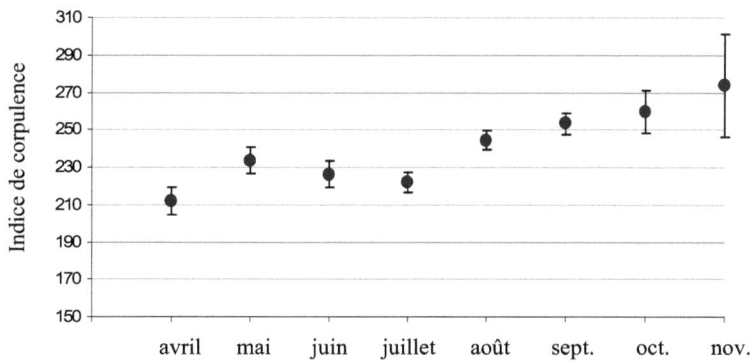

Figure 13. Évolution de l'indice moyen de corpulence des hérissons (± erreur standard) en fonction mois de capture

L'effet de la localisation des hérissons (zone urbaine/ zone rurale) sur la corpulence des hérissons n'est pas significatif (année+mois+localisation: ddl=1; F=3,0; p=0,08) et les résultats des interactions localisation*année et localisation*mois indiquent que l'effet année et l'effet mois (dynamique d'engraissement) sur la corpulence sont similaires en zone urbaine et en zone rurale (respectivement ddl=1; F=0,08; p=0,77 et ddl=1; F=0,35; p=0,55). De la même manière, le sexe ne semble pas influencer la corpulence des hérissons (année+mois+sexe: ddl=1; F=0,01; p=0,93). L'interaction localisation*sexe non significative (ddl=1; F=0,97; p=0,32) indique une similarité de corpulence entre les hérissons urbains et les hérissons ruraux, que ce soit chez les mâles ou chez les femelles. Enfin, aucune différence n'a été observée concernant la dynamique d'engraissement et l'effet année entre les mâles et les femelles.

L'année de capture semble ne pas avoir d'effet sur l'épaisseur du pli cutané des hérissons (ddl=1; F=0,58; p=0,44). En revanche, l'effet mois s'avère significatif (ddl=1; F=33,2; p<0,001), reflétant de nouveau une dynamique d'engraissement au cours de l'année (figure 14), notamment au cours des quatre derniers mois de collecte de données (août, septembre, octobre et novembre). La variation de l'épaisseur des plis au cours des mois est similaire en zone urbaine et en zone rurale (mois*loc: ddl=1; F=0,47; p=0,49) et entre mâles et femelles (mois*sexe: ddl=1; F=0,66; p=0,41) mais elle semble différer en fonction de l'année de capture (mois*année: ddl=1; F=6,2; p=0,015). La pente plus élevée en 2006 qu'en 2007 indique que la dynamique d'engraissement est plus marquée (0,23 contre 0,10). Enfin, l'influence de la localisation et du sexe des hérissons sur leur état d'engraissement a été testée, mais aucun effet significatif n'a été obtenu (année+mois+loc: ddl=1; F=1,5; p=0,22 et année+mois+sexe: ddl=1; F=0,53; p=0,46): mâles comme femelles ont présenté un état d'engraissement similaire en zone urbaine et en zone rurale.

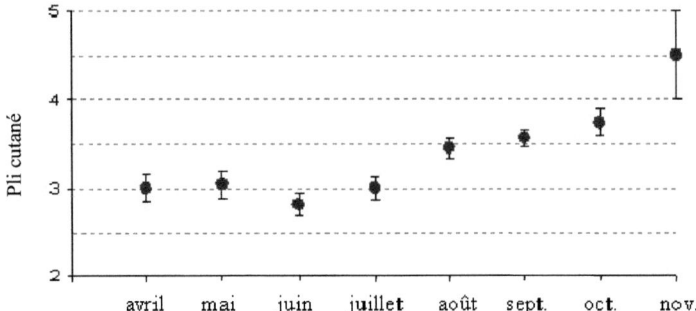

Figure 14. Évolution de l'indice moyen d'épaisseur du pli cutané (± erreur standard) en fonction du mois de capture

En ce qui concerne la charge parasitaire en tiques, l'effet année, c'est à dire l'effet de la différence d'échantillonnage entre 2006 et 2007 a été testé et s'avère, comme attendu, significatif (ddl=1; F=38,2; p<0,0001). Le mois de capture ne semble pas influencer la présence de tiques sur les hérissons (ddl=7; F=0,7; p=0,60), que ce soit en 2006 ou en 2007 (année*mois: ddl=5; F=0,55; p=0,73). En revanche, l'interaction entre l'année de capture et la localisation des hérissons est significative (ddl=1; F=8,0; p=0,006): la charge parasitaire en tique des hérissons urbains semble différer de celle des hérissons ruraux en 2006 (ddl=1; F=11,6; p=0,001) mais pas en 2007 (ddl=1; F=0,8; p=0,35). En d'autres termes, la prévalence de tiques en zone urbaine est significativement plus élevée qu'en zone rurale, en conformité avec les résultats des tests de Fisher (données de 2006), mais l'intensité de la charge parasitaire ne semble pas différer entre les deux zones (données de 2007, figure 15).

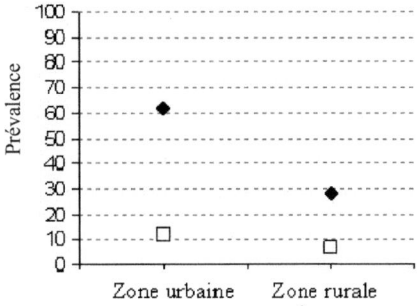

Figure 15. Prévalence de hérissons porteurs de tiques en 2006 (♦) et pourcentage de hérissons portant plus de 5 tiques en 2007 (□), en zone urbaine et en zone rurale.

Enfin, le sexe ne paraît pas avoir d'effet sur la présence de tiques (ddl=1; F=0,5; p=0,46), que ce soit en zone urbaine ou en zone rurale (sexe*localisation: ddl=1; F=1,1; p=0,28), en 2006 ou en 2007 (année*sexe: ddl=1; F=0,1; p=0,66).

L'année de capture ne semble pas avoir d'influence sur la prévalence des hérissons porteurs de puces (ddl=1; F=0,1; p=0,69), contrairement au mois de capture (ddl=7; F=2,6; p=0,01). Le test d'interaction entre ces deux variables est non significatif (ddl=5; F=1,3; p=0,27). En conformité avec le test de Fisher effectué sur la prévalence de puces en zone urbaine et en zone rurale, l'effet localisation apparaît significatif dans le modèle ajusté à l'année et au mois de capture (année+mois+loc: ddl=1; F=5,8; p=0,01). Les hérissons capturés en zone urbaine sont davantage porteurs de puces, en 2006 comme en 2007 (année*loc: ddl=1; F=1,5; p=0,21). La variation des prévalences au cours du temps paraît similaire en zone urbaine et en zone rurale (mois*loc: ddl=7; F=1,3; p=0,26), mais aussi entre les mâles et les femelles (mois*sexe: ddl=5; F=0,8; p=0,49). Enfin, le sexe ne semble pas avoir d'effet sur la prévalence de puces (ddl=1; F=0,1; p=0,73), que ce soit en zone urbaine ou en zone rurale (sexe*localisation: ddl=1; F=0,005; p=0,93), en 2006 ou en 2007 (année*sexe: ddl=1; F=0,03; p=0,85).

Relation charge parasitaire / corpulence et état d'engraissement / corpulence

Selon les résultats des modèles linéaires à effets mixtes visant à tester le lien entre l'état d'engraissement (pli cutané) et la corpulence des hérissons, il existe une relation positive entre ces deux indices (tableau 7) : les individus les plus lourds, par rapport à la longueur de leurs tarses, ont aussi les plis cutanés les plus épais (figure 16). La relation entre pli cutané et corpulence ne semble pas différer en fonction de la localisation des hérissons (tableau 7). Par ailleurs, l'état d'engraissement et la corpulence des hérissons ne semblent pas influencés par la présence de parasite, qu'il s'agisse de puces ou de tiques (tableau 7). Les modèles tiennent compte de l'influence de l'année et du mois de capture. Les interactions entre l'effet des parasites et la localisation des hérissons ont été testées : la présence de tiques ou de puces n'a d'effet ni sur la corpulence, ni sur l'état d'engraissement, que ce soit en zone urbaine ou en zone rurale (tableau 7).

Tableau 7. Résultats des modèles linéaires à effets mixtes visant à tester l'effet de la corpulence des individus, de l'épaisseur du pli cutané, de l'année, du mois et de la localisation de leur capture (zone urbaine/zone rurale), sur leur portage d'ectoparasites et l'effet de la corpulence des individus, de leur portage d'ectoparasites, de l'année, du mois et de la localisation de leur capture, sur l'épaisseur de leur pli cutané

	ddl	F ratio	p
Corpulence~année+mois+pli cutané	1	60,2	**<0,001**
Corpulence~année+mois+pli cutané*loc	1	1.20	0.27
Pli cutané~année+mois+corpulence	1	58,0	**<0,001**
Pli cutané~année+mois+corpulence*loc	1	0.008	0.93
Corpulence~année+mois+tique	1	1.16	**0,28**
Corpulence~année+mois+tique*loc	1	1.65	0.20
Corpulence~année+mois+puce	1	0.16	**0,69**
Corpulence~année+mois+puce*loc	1	0.46	0.50
Pli cutané~année+mois+tique	1	1.32	**0,25**
Pli cutané~année+mois+tique*loc	1	0.02	0.87
Pli cutané~année+mois+puce	1	0.38	**0,53**
Pli cutané~année+mois+puce*loc	1	1.23	0.26

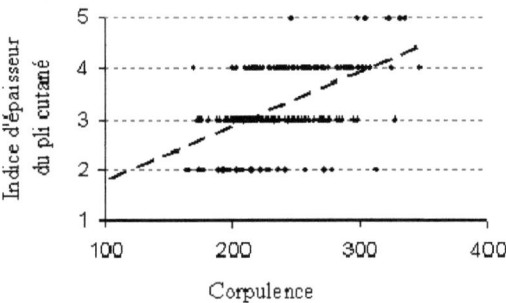

Figure 16. Relation entre l'indice d'épaisseur du pli cutané et la corpulence des hérissons

III. 3.3. Différences de températures entre zone urbaine et zone rurale

Sur l'ensemble des relevés, les températures sont en moyenne de 7,6 ± 0,1 °C en zone urbaine (n = 11253) et de 6,8 ± 0,1 °C en zone rurale (n = 7502).

Sur toute la durée des enregistrements, les trois thermomètres placés en ville ont enregistré en moyenne des températures supérieures de 0,3 °C à la température moyenne des 5 sites réunis (Tm), alors que les deux placés dans la zone rurale ont enregistré des températures inférieures de 0,5 °C à Tm. Si l'on ne tient compte que des températures nocturnes (21h00-5h15), les différences observées suivent la même tendance et les différences des moyennes V-Tm sont même un peu plus marquées (tableau 8). En période de gel, seules les valeurs enregistrées par le thermomètre V2 semblent s'écarter de façon notable de la moyenne Tm (+1,1 C°) (tableau 8).

Tableau 8. Différence moyenne de température en C° entre les relevés de chaque thermomètre (V1, V2, V3, C1, C2) et la moyenne des cinq relevés réunis (Tm)

	Ensemble de la période	Période nocturne	Période de gel
V1-Tm	0,06	0,23	0,04
V2-Tm	0,67	0,71	1,12
V3-Tm	0,26	0,45	-0,20
C1-Tm	-0,35	-0,24	-0,43
C2-Tm	-0,65	-0,55	-0,53

C'est surtout quand les températures extérieures sont les plus élevées que les écarts de température entre zone urbaine et zone rurale sont les plus importants, et non pendant les périodes de gel (figure 17). Les thermomètres semblent même enregistrer des températures très similaires en zone urbaine et en zone rurale, aux alentours de -3°C, mais il est à noter que nous ne disposons que de peu d'enregistrements à cette température. Plus précisément, 317 relevés ont montré des températures négatives en zone rurale (avec une moyenne de -1,3°C) contre seulement 153, pour les même relevés en zone urbaine (avec une moyenne de -0,3°C).

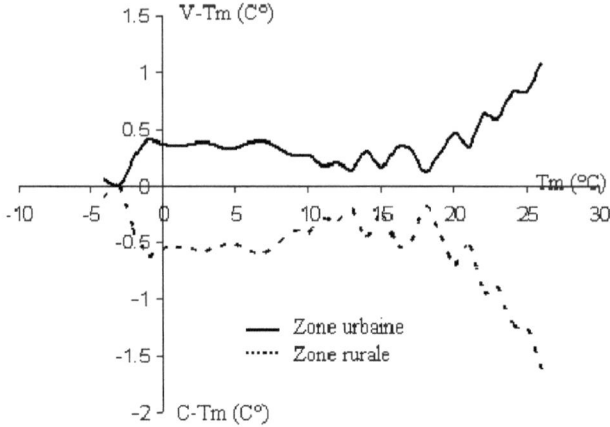

Figure 17. Variation des températures urbaines et des températures rurales autour de la moyenne des températures enregistrées par les 5 thermomètres réunis (Tm)

III. 4. Discussion

Nous avons cherché à savoir si la densité plus élevée de hérissons que nous avons relevée en zone urbaine qu'en zone rurale était due à un taux de survie plus élevé des individus. En effet, plusieurs études conduites sur des populations de mammifères synurbaines dans les villes américaines ont mis en évidence un taux de survie des individus plus élevé en ville qu'en campagne. C'est le cas, par exemple, pour le Raton laveur (Prange *et al.* 2004), le Cerf de virginie (Lopez *et al.* 2003) ou encore l'Ecureuil gris (Adams 1994).

Cependant, l'analyse que nous avons conduite à partir de nos données de capture-marquage-recapture dans le nord-est de la France ne met pas en évidence d'effet de la localisation des hérissons (zone urbaine versus zone rurale) sur la probabilité de survie des individus, que ce soit pour la période d'activité printanière et estivale ou pour la période d'hibernation automnale et hivernale. La présence, en zone urbaine, de facteurs de mortalité spécifiques à cet environnement (ex : embrasement des tas de branches ou de feuilles lors de l'entretien des jardins) pourrait venir contrebalancer l'absence de facteurs de mortalité présents uniquement en zone rurale (ex : prédation par le blaireau). Cette hypothèse est appuyée par les études de Harris et Smith (1987) et Storm *et al.* (1976) qui indiquent que, chez le Renard roux, ce sont principalement les causes de mortalité qui diffèrent entre zone urbaine et zone rurale, et non le taux de mortalité (et donc de survie). Nos résultats indiquent qu'une forte densité de population en zone urbaine n'est pas nécessairement la conséquence d'une survie plus élevée, tout du moins en ce qui concerne les adultes.

Si la probabilité de survie apparente semble similaire entre individus ruraux et individus urbains, elle semble en revanche être plus élevée chez les femelles que chez les mâles. Ces résultats vont à l'encontre de ceux obtenus en Suède par Kristiansson (1990), qui n'a relevé aucune différence statistique entre la survie des mâles et celle des femelles, quel que soit l'âge des hérissons. Plusieurs explications à ces contradictions peuvent être apportées : soit il existe un facteur de mortalité dans notre site d'étude qui accroît le taux de mortalité des mâles (ou augmente le taux de survie des femelles) par rapport au site d'étude en Suède, soit la survie réelle des mâles est sous-estimée. En effet nous n'avons estimé qu'une survie apparente, qui représente la probabilité qu'un animal survive et demeure dans la zone échantillonnée. Les mâles, plus mobiles que les femelles (Reeve 1982, Kristiansson 1984), demeurent sans doute moins sur les zones de capture étudiées que les femelles, ce qui peut se traduire par une survie apparente moins élevée. Il serait intéressant de répéter cette étude sur des zones de captures plus étendues, d'une surface suffisamment grande pour englober le domaine vital de plusieurs mâles. Dans la même logique, la probabilité de survie apparente, plus élevée en hiver qu'en période d'activité (mâles et femelles confondus), pourrait être la conséquence de mouvements d'individus moins importants en hiver qu'en période d'activité, et donc un risque de "perdre les hérissons" moins élevé.

L'étude de la condition physique des hérissons, supposée avoir une influence sur la probabilité de survie des individus, a été estimée à l'aide de plusieurs indices, encore peu utilisés chez le hérisson. Les indices de corpulence et d'épaisseur du pli cutané que nous avons choisis semblent être de bons indicateurs des variations de l'état des réserves énergétiques des individus, puisque l'augmentation simultanée de ces indices avant la période d'hibernation coïncide bien avec celle de l'accumulation de réserves lipidiques observée chez cette espèce à cette période de l'année (Reeve 1994). La comparaison de la condition physique des hérissons capturés en zone rurale et en zone urbaine sur notre terrain d'étude ne met pas en évidence d'effet de la localisation des individus. Bien qu'ayant davantage accès que les hérissons ruraux aux gamelles contenant de la nourriture pour chien et chats, les hérissons urbains ne semblent donc pas disposer de réserves énergétiques plus élevées. Il est possible que les hérissons urbains ne mangent dans les gamelles qu'occasionnellement. Ils auraient alors un régime alimentaire similaire à celui des hérissons ruraux, c'est-à-dire caractérisé par une forte consommation de lombrics (dont la disponibilité semble être équivalente en zone urbaine et rurale, voir chapitre II), et n'accumuleraient pas plus de réserves énergétiques.

Puisque les parasites externes sont susceptibles d'affaiblir les hérissons en provoquant une diminution de la condition physique, nous avons voulu savoir si les hérissons ruraux étaient d'avantage porteurs de tiques et de puces que les hérissons urbains. L'analyse que nous avons conduite a mis en évidence un effet de la localisation des hérissons sur leur charge parasitaire. Les hérissons capturés en zone urbaine se sont révélés être davantage parasités que ceux capturés en zone rurale. Ces résultats sont en accord avec ceux d'Egli (2004) sur cette même espèce, qui a trouvé un accroissement de la prévalence de tiques *I. hexagonus* le long d'un gradient d'urbanisation : 36% des hérissons en avaient en zone rurale, 55 % en zone suburbaine et jusqu'à 75% en zone urbaine. De même, l'intensité de l'infestation des puces est supérieure en zone urbaine qu'en zone rurale.

En règle générale, la prévalence et l'abondance des parasites sont d'autant plus élevées que la densité de leur hôte est importante (Morand & Poulin 1998). La forte densité de hérissons enregistrée en milieu urbain pourrait être à l'origine de la présence accrue des parasites dans ce milieu. Nos résultats concernant la prévalence de tiques soulèvent une question d'ordre épidémiologique. En effet, les tiques *I. hexagonus* et *I. ricinus* peuvent véhiculer, via leurs morsures, une spirochète nommée *Borrelia burgdorferi* responsable de la maladie de Lyme, dangereuse pour l'homme lorsqu'elle n'est pas traitée (Doby *et al.* 1994, Hudson *et al.* 2006). Nos résultats suggèrent que le hérisson pourrait être considéré comme une espèce réservoir de cette maladie au sein de nos villes, puisque Gray *et al.* (1994) ont montré que le Hérisson européen nourrit les trois stades de développement (larves, nymphes et adultes) de *I. ricinus* et *I. hexagonus* et à chaque stade, les tiques sont susceptibles d'être porteuses de *B. burgdorferi*.

La présence de parasites sur les hérissons étudiés ne semble pas liée à l'état des réserves énergétiques, ce qui amène à penser que la plupart des hérissons peuvent supporter la présence de parasites sans pour autant être affaiblis. Des études plus poussées devraient cependant être conduites pour savoir si un nombre élevé de parasites peut influencer la condition physique des individus. Si tel est le cas, l'indice à considérer dans l'étude de la condition physique serait plutôt l'intensité de la charge de parasites plutôt que la prévalence. C'est dans cette optique que la méthode d'échantillonnage des tiques a été changée entre l'année 2006 et l'année 2007. En 2006, de nombreux hérissons avaient été observés portant une charge de tiques importante (+de 200 tiques), laissant penser qu'une analyse de l'intensité de la charge parasitaire était réalisable. Malheureusement en 2007, les charges parasitaires étaient réduites par rapport à celles de 2006, ce qui nous a contraint à regrouper toutes les classes d'abondance de tiques supérieures à 5 tiques en une seule.

Certains auteurs suggèrent que des conditions hivernales rudes, associées à la présence de parasites sur les hérissons sont susceptibles d'entraîner une mortalité hivernale importante (Reeve 1994). Globalement, les thermomètres posés en zone rurale ont enregistré des températures plus faibles que ceux posés en zone urbaine. Ces résultats confirment le phénomène « d'urban heat island » décrit par Oke (1995) et Pickett *et al.* (2001). Cependant, les amplitudes des différences entre zone urbaine et zone rurale ne semblent pas si importantes, en comparaison avec celles enregistrées dans d'autres villes. Par exemple dans la ville de New York, les températures sont en moyenne plus élevées de 2-3 °C en ville que dans les zones alentours, alors que dans notre étude un écart de l'ordre de 0,8 °C est observé. La différence de taille de la ville explique sans doute celle des différences d'amplitude : une ville comme Sedan (21 000 habitants) retient et dégage nécessairement moins de chaleur qu'une ville comme celle de New York (environ 21 millions d'habitants avec son agglomération).

L'analyse de la fréquence des enregistrements de températures en dessous de 0 °C indique que les phases de gel sont généralement réduites dans la zone urbaine par rapport à la zone rurale. Pendant la durée de l'hibernation, les hérissons ont donc, a priori, davantage d'opportunités en zone urbaine qu'en zone rurale de se nourrir de lombrics au cours de leurs périodes de réveil puisque ces derniers ne sont actifs en surface qu'à la condition que le sol ne soit pas gelé (Kruuk 1978, Nördstrom 1975). Cependant, la température n'est pas le seul facteur à influencer l'activité des vers de terre. Les précipitations et l'humidité de l'air sont sans doute aussi importantes et devraient être considérées dans les facteurs pouvant influencer la disponibilité de vers de terre à la surface du sol en hiver.

Nos conclusions sur l'effet de la localisation sur la probabilité de survie des hérissons, ne peuvent être que réservées, du fait du nombre relativement restreint de données de recaptures disponibles pour la zone rurale. Par ailleurs, même si les indices de corpulence et d'épaisseur de pli cutané semblent refléter l'état des réserves énergétiques, il aurait été intéressant de disposer de travaux de référence visant à établir le lien entre la valeur des indices et les réserves lipidiques réelles. À notre connaissance, de tels travaux n'existent pas encore chez le Hérisson. De prochaines études devraient ainsi s'attacher à mesurer des indices sur des individus retrouvés morts puis par la détermination, en laboratoire, de la quantité de réserves lipidiques contenues dans les carcasses (Krebs & Singleton 1993, Schulte-Hostedde *et al.* 2001). Il serait également intéressant de mesurer les températures des mois qui précèdent l'hibernation, pour savoir si des écarts de température sont susceptibles de favoriser un allongement de la période d'accumulation des réserves en zone urbaine.

Comme la majorité de la mortalité juvénile semble avoir lieu lors du premier hiver (Kristiansson 1990, Somers & Verhagen 1999), il faudrait s'intéresser, avec des méthodes appropriées, à la survie des jeunes hérissons en ville et en campagne pendant cette période critique. Peut être que la disponibilité de ressources alimentaires d'origine anthropique, même si elle n'est pas très élevée, peut constituer « le petit plus » qui peut aider à la survie des jeunes, en particulier en période hivernale. Une observation de terrain en zone urbaine semble appuyer cette hypothèse puisque un jeune hérisson pesant 311 grammes au mois de novembre 2006 a été retrouvé vivant au tout début du mois d'avril 2007 avec une masse corporelle atteignant déjà 811 grammes. La bibliographie indique pourtant qu'une masse corporelle d'au minimum 450 grammes est nécessaire pour pouvoir survivre à la première hibernation (Morris 1984).

En conclusion, nos données ne mettent pas en évidence d'effet de l'urbanisation sur le taux de survie et la condition physique des hérissons, en accord avec nos précédents résultats qui indiquent que la disponibilité des ressources alimentaires n'est pas vraiment plus élevée en zone urbaine qu'en zone rurale. De plus, la probabilité de survie, similaire pour les hérissons adultes de la zone urbaine et de la zone rurale, ne semble pas être à l'origine de la densité élevée de la population urbaine. Les conditions environnementales urbaines agissent donc certainement à d'autres niveaux, notamment peut-être sur le taux de survie des jeunes.

La question se pose alors de savoir si la forte densité de population enregistrée en zone urbaine n'est pas la conséquence d'une immigration d'individus provenant de la zone rurale voisine. Cette immigration n'est cependant possible que si les deux populations (urbaine et rurale) ne sont pas isolées l'une de l'autre. Dans la suite de l'étude, nous avons donc testé l'hypothèse de Ditto & Frey (2007) selon laquelle la ville peut être considérée comme un habitat « île », distinct des habitats environnants et dans lequel les populations peuvent se retrouver isolées des autres. Pour ce faire, nous avons estimé l'effet de l'urbanisation sur la structure génétique de la population de hérisson, pour évaluer indirectement les mouvements d'émigration/immigration entre ville et campagne et discuter des processus mis en jeu dans la différenciation des populations colonisatrices d'environnement modifiés.

IV. EFFET DE L'URBANISATION SUR LA STRUCTURE GÉNÉTIQUE DE LA POPULATION

IV.1. Introduction

L'isolement reproductif des populations est un pré requis à la spéciation, processus qui conduit à l'émergence d'espèces, par définition génétiquement différentes. La spéciation peut se produire lorsque les populations sont séparées par des barrières physiques qui, en bloquant les flux d'individus, et donc de gènes, conduisent à la formation d'isolats reproductifs par dérive génétique (« spéciation allopatrique », Mayr 1970). L'isolement reproductif peut également être la conséquence d'une sélection naturelle divergente à l'intérieur d'une même population, suite à des adaptations locales qui empêchent ensuite les individus de se reproduire entre eux (« spéciation sympatrique », Bush 1975).

Ces changements évolutifs s'effectuent sur de grandes échelles de temps (macro évolution) et sont, de ce fait, difficiles à étudier. Cependant, des informations précieuses sur les processus mis en œuvre peuvent être apportées par l'étude des changements micro-évolutifs qui se produisent sur de relativement courtes périodes au sein de populations animales plus ou moins isolées physiquement les unes des autres et soumises à de nouvelles conditions environnementales. Ainsi, un isolement reproductif a été mis en évidence par l'étude de deux populations de saumons (*Oncorhynchus nerka*) ayant un ancêtre commun mais qui ont colonisé l'une un lac, l'autre une rivière treize générations auparavant (Hendry *et al.* 2000). Les individus de ces deux populations sont maintenant différenciés, d'un point de vue génétique mais aussi morphologique.

L'urbanisation est, potentiellement, source de micro-évolution pour les populations animales. En effet, elle provoque des modifications rapides et extrêmes de l'environnement, notamment du fait que de larges parcelles de terrain sont mises à nu puis complètement restructurées, ce qui modifie la distribution et la disponibilité des ressources pour les espèces vivant en milieu urbain (revue dans McKinney 2002). De plus, la construction des routes et autres surfaces imperméables (bâtiments, surfaces pavées...) favorisent la fragmentation et réduisent la connectivité du paysage (Collins *et al.* 2000, Bierwagen 2007). La ville peut ainsi être considérée comme un habitat "île", distinct des habitats environnants (Ditto & Frey 2007) et dans lequel les populations peuvent se retrouver isolées des autres du point de vue reproductif. C'est l'hypothèse de "l'île urbaine", avancée par Gloor *et al.* (2001) à partir de l'étude de populations urbaines de renards. Cette perte de connectivité, associée au fait que les conditions environnementales du milieu urbain sont susceptibles de modifier les traits phénotypiques et comportementaux des individus (Luniak 2004), peut conduire à l'isolement reproductif puis à l'évolution rapide des populations animales urbaines, en suivant des mécanismes similaires à ceux qui interviennent dans les différents modes de spéciation (spéciation sympatrique, spéciation allopatrique et intermédiaires).

L'urbanisation a ainsi conduit à l'évolution rapide d'un trait phénotypique impliqué dans la sélection sexuelle chez une population d'oiseaux (Junco ardoisé) présente sur le campus universitaire de San Diego (Californie), ce qui a favorisé l'isolement reproductif et la différenciation génétique entre cette population et celles présentes dans les montagnes voisines (Yeh 2004). Dans le cas de la population de renards roux de Melbourne (Australie), c'est probablement la perte de connectivité du milieu urbain qui a engendré des distances génétiques significatives entre la population urbaine et les populations rurales de la région (Robinson & Marks 2001). Par ailleurs, l'effet fondateur peut accentuer la différenciation génétique entre population urbaine et une population rurale, si quelques individus seulement ont fondé la population urbaine.

Nous avons cherché à tester l'hypothèse selon laquelle le milieu urbain peut être considéré comme un habitat "île" dans lequel les populations peuvent se retrouver isolées des autres du point de vue reproductif en analysant la structure génétique d'une population de hérissons européens que nous avons suivie durant deux ans sur notre terrain d'étude des Ardennes et qui comprenait une zone urbaine et une zone rurale.

Le Hérisson est présent en milieu urbain sans doute depuis beaucoup plus de générations que le Junco ardoisé et le Renard roux, qui n'ont colonisé cet habitat que très récemment (dans les années 1950 en Angleterre pour le Renard et dans les années 1980 pour le Junco). De plus, il semblerait que la proportion de hérissons qui effectuent de grands déplacements est relativement faible, ce qui peut favoriser la différenciation génétique entre des sous-groupes d'individus urbains (Becher & Griffiths 1998). Cette capacité restreinte de déplacement constitue un argument en faveur d'un isolement reproductif entre les populations urbaines et les populations rurales de hérissons. Si l'hypothèse de l'île urbaine est vérifiée chez cette espèce, la dérive génétique a pu s'effectuer sur plus de générations que dans le cas du

Renard et du Junco. On s'attend donc à trouver une différenciation génétique importante de la population urbaine par rapport à la population rurale.

Pour estimer le degré d'isolement reproductif de la population urbaine étudiée par rapport à la population rurale voisine, nous avons déterminé, d'une part, les caractéristiques génétiques des deux populations (taux d'homozygotie, et variabilité intragroupe) et, d'autre part, leur degré de différenciation génétique (distance génétique entre les individus urbains et les individus ruraux, et analyse de la correspondance entre isolats génétiques et localisation des individus). La technique d'amplification aléatoire de l'ADN (RAPD) a été choisie pour estimer ces paramètres car elle permet une étude du génome dans sa globalité, ce qui est bien adapté à l'étude des populations. Par ailleurs elle est fiable, simple, rapide et peu coûteuse à utiliser (Welsh & McClelland 1990, Williams *et al.* 1990, 1993). Les analyses ne requièrent que quelques nanogrammes d'ADN (récolte d'échantillons peu invasive) et ne nécessite aucune connaissance préalable des séquences de l'ADN, ni aucune sonde radioactive.

IV.2. Matériel et méthodes

IV.2.1. Collecte des échantillons

Des poils ont été collectés sur 171 hérissons capturés dans les Ardennes en zone urbaine et en zone rurale et sur 22 hérissons capturés vivants hors de la zone d'étude. De plus, des fragments de tissu cutané ont été prélevés sur 17 individus trouvés morts (généralement sur la route) dans la zone d'étude et sur 54 individus hors de la zone d'étude. La collecte d'échantillons hors du terrain d'étude a permis de disposer de données de références concernant les caractéristiques génétiques de l'espèce. Tous les échantillons prélevés ont été systématiquement référencés et congelés à -18°C.

Sur un total de 260 échantillons récoltés, 28 échantillons provenant de la zone urbaine, 27 échantillons provenant de la zone rurale et les 15 échantillons collectés hors du terrain d'étude ont été analysés (figure 18). Cette sélection s'est faite de façon à ce que les échantillons analysés proviennent de lieux repartis le plus régulièrement possible en zone urbaine et en zone rurale. Les analyses génétiques ont été réalisées au Département d'Écologie Physiologie et Éthologie (IPHC-DEPE, CNRS-UMR 7178, Strasbourg) sous l'encadrement du Dr. Hélène Gachot-Neveu.

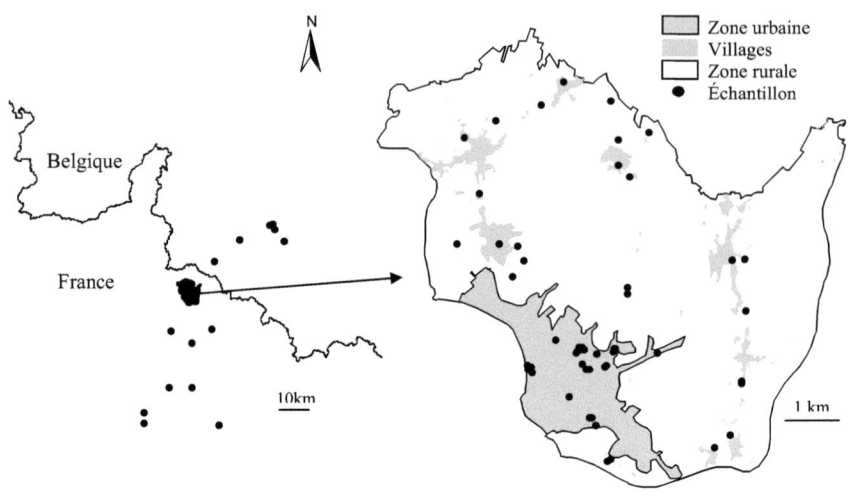

Figure 18. Localisation de 14 des 15 échantillons récoltés hors du terrain d'étude (le 15ème est situé à Blois) et localisation des 55 échantillons récoltés dans le terrain d'étude

IV.2.2. Extraction de l'ADN

L'ADN génomique a été extrait des cellules en suivant le protocole mis au point par Sambrook *et al.* (1989) et bien adapté à la nature et à la quantité des prélèvements (figure 19).

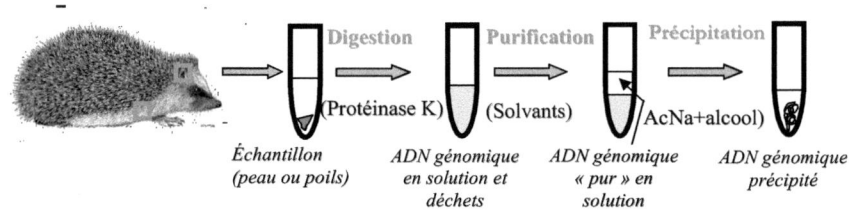

Figure 19. Principe d'extraction de l'ADN génomique

L'ADN est extrait des cellules par digestion enzymatique puis il est purifié d'éventuelles substances pouvant inhiber les réactions ultérieures. Enfin, il est précipité et remis en solution dans une solution de tampon.

Les poils ou un fragment de 0,3×0,5 cm de tissu cutané sont mis à digérer toute une nuit au bain-marie à 40°C dans des tubes contenant 700 µl de tampon de digestion (TRIS 2M pH 7,8 ; EDTA 0,5M ; SDS 10%) et 40 µl de protéinase K. La protéinase K est une enzyme qui lyse les membranes et les constituants cellulaires et libère ainsi l'ADN dans la solution tampon. Pour stopper l'action de l'enzyme en fin de digestion, les tubes sont placés à 95°C pendant 10 minutes. L'ADN est ensuite purifié des substances pouvant inhiber la réaction d'amplification ultérieure, par filtration pour les solutions d'ADN des échantillons de poils, à l'aide de solvants organiques pour les échantillons de peau. Pour ce faire, 300 µl de mélange chloroforme/alcool isoamylique (24 :1) et 150 µl de phénol sont mélangés à la solution d'ADN et, après centrifugation, il se forme deux phases à l'interface de laquelle se concentrent les déchets. Le surnageant contenant l'ADN purifié est délicatement prélevé. L'ajout d'acétate de sodium (3M, pH 7, 1/10ième du volume total) et d'alcool absolu (2 fois le volume total) au surnageant permet la précipitation de l'ADN qui devient alors visible à l'œil nu. Les tubes sont ensuite placés à -20°C pendant 24 heures pour achever la précipitation. Après une nouvelle centrifugation, les culots d'ADN sont séchés à l'air libre puis repris dans 50 à 200 µl de tampon TE 20 :1 selon la taille du culot d'ADN. Ces tubes et les filtrats des solutions d'ADN de poils correspondent aux solutions d'ADN « stock ».

Un dosage spectrophotométrique permet de déterminer la concentration en ADN des solutions « stock » et de s'assurer de la pureté de l'ADN extrait. Les solutions stock sont d'abord diluées 100 ou 200 fois selon la quantité disponible. Par la suite, les mesures effectuées au spectrophotomètre à 260 nm indiquent une absorbance (DO) proportionnelle à la concentration en ADN de la solution (figure 20) et les mesures effectuées à 280 nm sont proportionnelles à la concentration en protéines. Lorsque le rapport DO$_{260\,nm}$ / DO$_{280\,nm}$ est proche de 1,8, on considère que l'ADN est suffisamment pur pour pouvoir être utilisé. Avant de passer à l'étape d'amplification de l'ADN, la concentration d'ADN des solutions stock est ajustée à 12ng/µL par dilution avec de l'eau bi-filtrée.

$$C_{ADN} = DO_{260\,nm} \times 5 \times Fd \times F$$

C_{ADN} : concentration en ADN de la solution stock en µg/ml.
Fd : facteur de dilution (100 ou 200)
DO : densité optique de l'échantillon à une longueur d'onde λ=260 nm
F : facteur de conversion des mL en µL (ici 10^{-3})

Figure 20. Calcul de la concentration en ADN à partir des dosages spectrophotométriques (Sambrook *et al.* 1989)

IV.2.3. Amplification aléatoire de l'ADN (RAPD)

L'ADN est amplifié par une réaction de polymérisation en chaîne (PCR) qui s'effectue en trois étapes (figure 21). En premier lieu, l'ADN double brin est dénaturé par chauffage pour séparer les deux brins, ensuite des amorces oligo-nucléotidiques de même séquence (10 nucléotides) viennent s'hybrider aux séquences complémentaires réparties au hasard sur chacun des deux brins d'ADN (entre 30 et 60°C), et enfin, à partir de ces amorces, la Taq ADN polymérase vient synthétiser de multiples segments d'ADN qui auront une taille donnée, comprise entre deux sites successifs d'hybridation. Ces trois étapes constituent un cycle d'amplification. Les produits amplifiés sont utilisés au cycle suivant comme ADN matrice. Les cycles sont répétés plusieurs fois, ce qui permet une amplification exponentielle de chaque fragment. Ces réactions ont lieu dans un thermocycle (PCR Express, Hybaid) programmé pour réaliser plusieurs cycles à des températures précises.

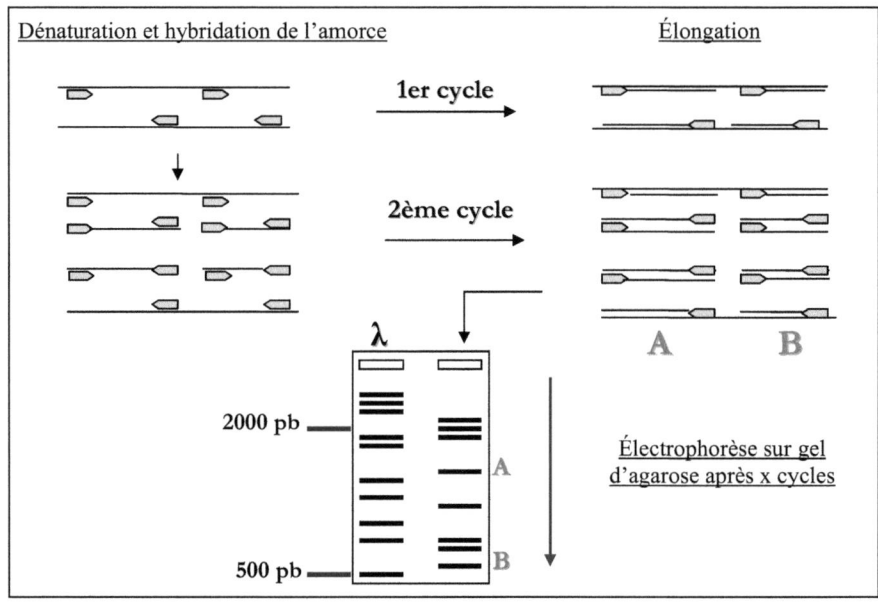

Figure 21. Principe de la PCR (Polymerase Chain Reaction)
L'ADN génomique extrait est dénaturé par chauffage. A faible température, l'amorce s'hybride aléatoirement sur plusieurs séquences complémentaires. L'élongation de l'amorce a lieu ensuite à l'aide d'une enzyme polymérase et de nucléotides libres. A chaque cycle, l'ADN produit est utilisé au cycle suivant comme base pour la synthèse des nouveaux fragments. Les fragments d'ADN ainsi amplifiés sont de tailles différentes et peuvent donc être séparés par migration sur gel d'électrophorèse. Le fragment A, plus grand que le fragment B migre donc moins loin sur le gel.

Les fragments de tailles différentes sont séparés par électrophorèse sur un gel d'agarose à 1,5% (2,25 g d'agarose + 150 ml TBE 1× + 5 µl de Bromure d'éthidium à 10 mg/ml). La migration débute à 90 volts pendant 10 minutes puis continue pendant 1h00 à 135 volts. Le marqueur de taille, après migration, permet d'évaluer la taille des fragments amplifiés, les fragments les plus petits migrent le plus loin. La révélation des bandes se fait grâce au bromure d'éthidium qui se fixe sur l'ADN, formant ainsi un complexe fluorescent visible sous une lumière UV. Le gel est alors photographié grâce à une caméra placée au dessus d'un transluminateur UV. La série de bandes qui caractérise un individu est appelée profil d'amplification de l'individu.

Comme notre étude est la première à utiliser la technique d'amplification aléatoire de l'ADN chez le hérisson, nous avons adapté les conditions expérimentales aux propriétés biologiques et physico-chimiques de l'ADN de cette espèce. Des protocoles utilisés chez d'autres mammifères comme les primates (Neveu *et al.* 1996, 1998, Gachot-Neveu 1999) ont permis d'établir un premier protocole, qui a été modifié et validé à la suite d'une série d'expériences visant à déterminer les conditions du milieu et les températures optimales (figure 22). Au total, 80 amorces (Operon Technologies Inc., Alameda, CA) ont été testées et seules celles qui amplifient un nombre maximum de fragments facilement identifiables ont été retenues.

Condition du milieu réactionnel		Conditions thermiques		
Réactifs	Concentrations		3min à 93°C	
ADN	5 µl			
Amorce	2 µl	Dénaturation	1 min à 93°C	45 Cycles
PCR Buffer 10X	5 µl	Hybridation	45 sec à 34°C	
MgCl2	4 µl	Élongation	2 min à 72°C	
dNTP	4 X 1 µl			
Taq 5u / µl	0,50 µl		5min à 72°C	
bsa	0,45 µl		Maintien à 4°C	
H2O	29,05 µl			

Figure 22. Conditions d'amplification des marqueurs RAPD sur de l'ADN de hérisson

IV.2.4. Interprétations et analyses statistiques

La première étape de l'analyse consiste en l'interprétation des photos des profils génétiques obtenus avec les marqueurs RAPD. Chaque bande blanche qui apparaît sur la photo correspond à un "locus" respectant les proportions génotypiques définies par l'équilibre de Hardy-Weinberg. Le caractère dominant des marqueurs RAPD implique que chaque locus peut être considéré comme un système à deux allèles avec une ségrégation mendélienne à chaque génération (Lynch & Milligan 1994). En effet, pour un locus dominant à deux allèles 'A' et 'a', l'absence de bande correspond au génotype récessif 'aa' et la présence de la bande au génotype 'AA' ou 'Aa'. Pour les analyses, les bandes présentes dans le profil de chaque individu seront notées (1) et les bandes absentes seront notées (0). Ce codage binaire permet de comparer le profil génétique des individus deux à deux.

L'étude directe du nombre de bandes absentes dans les profils des individus permet ensuite d'estimer la fréquence des homozygotes récessifs (N_{aa}) à partir de laquelle on peut calculer le taux d'homozygotie à un locus donné (i). Ainsi, le taux d'homozygotie moyen (hm) des populations urbaine et rurale de hérissons que nous avons étudiées correspond à la somme de la fréquence des homozygotes récessifs (N_{aa}) et dominants (N_{AA}) dans chacune de ces populations (figure 23). Le taux d'homozygotie reflète la diversité génétique de chaque population, plus il est élevé et moins la diversité génétique est importante.

Soit un locus i à deux allèles A et a, respectivement dominant et récessif.
Soit les fréquences alléliques p et q des allèles A et a, avec $p + q = 1$
Soit les fréquences génotypiques :

N_{aa}, la fréquence des homozygotes récessifs : $N_{aa} = q^2$

N_{AA}, la fréquence des homozygotes dominants : $N_{AA} = p^2 = (1-q)^2$

Alors $h_i = N_{aa} + N_{AA}$

$$\boxed{h_i = N_{aa} + N_{AA} = N_{aa} + \left(1 - \sqrt{N_{aa}}\right)^2}$$

et

$$\boxed{h_m = \frac{1}{N_T} \times \left(\sum_{i=1}^{Nt} h_i\right)}$$ où N_T = nombre de bandes (loci) étudiées

---

Figure 23. Calcul du taux d'homozygotie moyen (h_m)

Plus h_i est proche de 1 et plus la population a perdue de l'information génétique à ce locus, puisque l'un ou l'autre des allèles sera fixé. Par définition, un site est monomorphe si p>0,95 ou q>0,95, c'est-à-dire si h_i>0,90. Cela signifie que le locus est homozygote chez 90% des individus de la population.

L'estimation de la variabilité génétique permet de savoir si, au sein de chaque population, l'information génétique est repartie de façon homogène. Elle est basée sur le calcul du nombre de bandes communes à plusieurs individus pris deux à deux, c'est-à-dire sur le calcul d'un indice de similarité (S_{XY}, figure 24). Ces calculs sont réalisés à l'aide du logiciel RAPDDIP. La variance (s^2) estime la dispersion des individus de la population étudiée autour de la valeur moyenne de variabilité génétique. Plus il y a de petits isolats génétiques au sein même de chaque population, plus la variance est élevée.

$$S_{XY} = \frac{2 \times (n_{XY})}{n_X + n_Y}$$

n_{XY} : nombre de bandes communes à l'individu X et à l'individu Y
n_X : nombre de bandes présentes chez l'individu X
n_Y : nombre de bandes présentes chez l'individu Y

La variance (s^2) est calculée à partir de l'erreur standard (S.E.) de la variabilité intra- groupe (pi) :

$$S^2 = \frac{n(n-1)}{2} \times S.E.^2$$

Figure 24. Calcul de l'indice de similarité (S_{XY})
Il permet d'estimer la variabilité intra-groupe et le calcul de la variance.

L'indice de similarité nous a servi également à calculer la distance génétique séparant le groupe d'individus de la population urbaine du groupe d'individus de la population rurale. Plus les populations sont isolées d'un point de vue reproductif, plus la distance génétique qui les sépare est élevée. Les « distances génétiques », ou « distances euclidiennes » entre individus pris deux à deux, ont été calculées sans tenir compte de la zone de provenance des hérissons (urbaine/rurale/hors terrain d'étude) mais en prenant en compte toutes les combinaisons possibles de deux individus (figure 25). Elles ont ensuite été ordonnées grâce à une classification hiérarchique, réalisée à l'aide du logiciel STATISTICA, afin de d'identifier visuellement la présence éventuelle de « clusters », c'est-à-dire des regroupements d'individus plus ou moins apparentés. Il s'est agit ensuite de voir si les regroupements en clusters d'apparentés coïncidaient (ou pas) avec les regroupements en fonction de la zone d'origine (urbain/rural) pour savoir s'il y a une réduction du flux de gène entre la population urbaine de hérissons et la population rurale, et donc un isolement reproductif entre ces populations.

$$d_{(x,y)} = \sqrt{\Sigma (X_i - Y_i)^2}$$

X_i : phénotype de l'individu X au site i → phénotype [A], codé (1), ou phénotype [a], codé (0)
Y_i : phénotype de l'individu Y au site i → phénotype [A], codé (1), ou phénotype [a], codé (0)

Figure 25. Calcul de la distance euclidienne entre deux individus X et Y
La distance euclidienne $d_{(x,y)}$ représente la distance génétique séparant les deux individus. Plus les individus sont apparentés et plus la distance euclidienne est faible.

IV.3. Résultats

IV.3.1. Choix des amorces et succès d'amplification

Trois amorces différentes (A01, E15 et E20) ont été sélectionnées et utilisées pour générer les profils de chaque individu. Elles ont, à elles seules, généré un total de 93 bandes dont 89 bandes polymorphes (tableau 9).

Tableau 9. Caractéristiques des amorces utilisées pour l'étude

Amorces choisies	Séquence nucléotidique	Nombre de bandes révélées	Nombre de bandes polymorphiques
A01	5' CAGGCCCTTC 3'	30	29
E15	5' ACGCACAACC 3'	28	25
E20	5' AACGGTGACC 3'	35	35
TOTAL		**93**	**89**

IV.3.2 Taux d'homozygotie et variabilité génétique

Le score en terme de présence (1) ou d'absence (0) établi pour les 93 bandes et pour les 28 individus de la zone urbaine et les 27 individus de la zone rurale a permis de déterminer la fréquence des homozygotes récessifs de chaque population. L'homozygotie moyenne est similaire pour la population urbaine et pour la population rurale (69% et 68%). Ces deux taux paraissent moins élevés que celui du groupe d'individus hors du site (74 %) mais la différence n'est pas significative (respectivement Z=0,78; p<0.05 et Z=0,93; p<0,05).

La variabilité génétique, représentative de la répartition des allèles au sein de chaque population, n'est pas très différente dans chaque population (0,82 % pour la population urbaine, 1 % pour la population rurale, 0,76 % pour la population hors site d'étude), mais sa variance est deux fois plus élevée dans la population rurale (0,25 %) que dans la population urbaine (0,13 %) ce qui indique que les regroupements génétiques semblent être plus fréquents en zone rurale qu'en zone urbaine.

IV.3.3. Distances génétiques et structure de la population globale

La distance génétique séparant les individus de la population urbaine et ceux de la population rurale atteint 1%. Elle est semblable aux distances génétiques séparant les individus du groupe hors du département de ceux de la population rurale (1,03 %) et de ceux de la population urbaine (0,96 %).

La classification hiérarchique, établie à partir du calcul des distances euclidiennes séparant les individus de zone urbaine, de zone rurale et hors du département, montre l'existence de deux sous-groupes génétiques : l'un composé majoritairement des individus de zone rurale et des individus capturés hors du terrain d'étude, l'autre composé d'individus des trois provenances (zone urbaine/zone rurale/hors Ardennes, figure 26). Les individus provenant du terrain d'étude ne sont donc pas génétiquement distincts des individus situés en dehors de ce terrain. Le même type de résultat est obtenu en ne prenant en compte que les individus provenant du terrain d'étude (figure 26), les deux sous-groupes sont conservés.

Le premier regroupement génétique est composé presque exclusivement d'individus de zone rurale répartis dans la moitié est du terrain d'étude, tandis que le second est composé en majorité d'individus urbains mais il regroupe aussi quelques individus dispersés en zone rurale. Il ne semble donc pas y avoir d'isolats génétiques coïncidant avec la provenance des individus (zone urbaine/zone rurale) et donc pas de différenciation génétique de la population urbaine, par rapport à la population rurale.

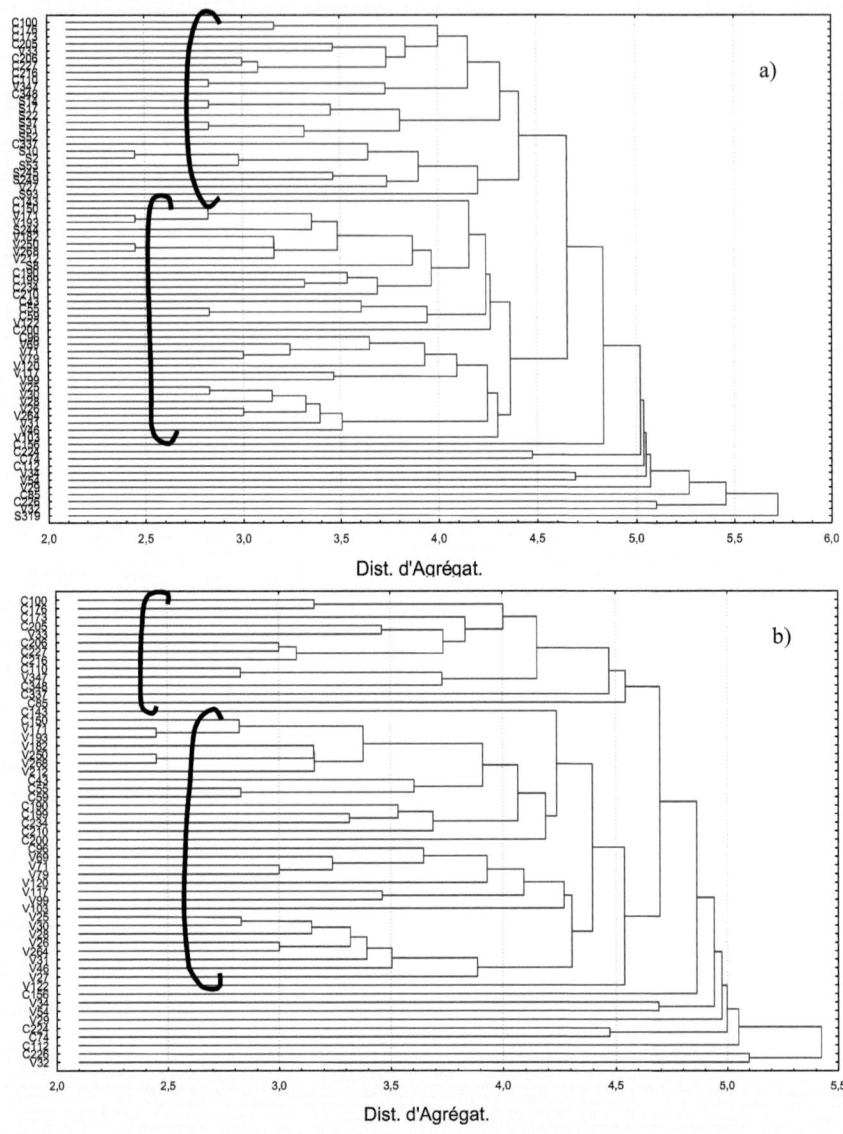

Figure 26. Classification hiérarchique, en a) des 70 hérissons analysés (28 en ville, 27 en zone rurale, 15 hors du site d'étude), en b) des 55 hérissons provenant du terrain d'étude en fonction des distances génétiques séparant les individus (C=individus ruraux, V=individus urbains)

IV.4. Discussion

La méthode RAPD s'est avérée efficace pour déterminer les paramètres génétiques des populations de hérissons étudiées. A elles seules, les trois amorces choisies ont généré un grand nombre de marqueurs. Cette étude est la première réalisée sur le hérisson avec la technique RAPD, ce qui rend impossible la comparaison de nos résultats avec ceux d'autres études réalisées avec la même technique pour cette espèce. Cependant, il est à noter que les analyses conduites sur une population de hérissons en Angleterre avec la technique des microsatellites montrent des taux d'homozygotie inférieurs à ceux retrouvés dans notre étude (proches de 70 %). En effet, Becher & Griffiths (1997) ont trouvé une hétérozygotie moyenne de 70% (c'est-à-dire un taux d'homozygotie de 30%) avec l'ADN de trois hérissons amplifiés avec six microsatellites et Henderson et al. (2000) a trouvé une moyenne d'hétérozygotie de 60% (c'est-à-dire un taux d'homozygotie de 40%).

Ces résultats peuvent relever d'une réelle différence entre la structure génétique de la population française de hérissons et celle des populations anglaises mais aussi des différences dues aux techniques d'analyses mises en œuvre. En effet, les microsatellites sont connus pour être hautement polymorphes (les mutations sont fréquentes dans les zones micro satellitaires de l'ADN), révélant ainsi un nombre important d'allèles différents et donc un taux d'hétérozygotie plus élevé que ceux obtenus avec la technique RAPD. En revanche, cette dernière technique est davantage représentative de l'intégralité du génome, puisque la fixation des amorces et donc l'amplification des fragments se fait de manière aléatoire sur l'ensemble du génome.

Les résultats d'études similaires à la nôtre, conduites sur d'autres populations de mammifères avec la technique RAPD, en collaboration avec le même laboratoire et dans des sites d'étude proches du nôtre, indiquent que le taux d'homozygotie d'une population de renards roux des Ardennes est de 60 % (Lefevre 2003), tandis que celui d'une population de blaireaux européens de la même région d'étude est de 89 % (Hubert 2005). Dans le cas du blaireau, la faible diversité génétique mesurée est probablement consécutive d'une forte diminution de la population dans les années 70, suivie d'une recolonisation des milieux par un faible nombre de fondateurs dans les années 80 et 90. Dans le cas du renard, l'homozygotie observée traduit une diversité génétique élevée, associée à un flux de gènes constant et important au sein de la population. Les taux d'homozygotie calculés pour les populations de hérissons étudiées rapprochent davantage ces populations de celle de renards que de celle de blaireaux, et indiquent donc une diversité génétique importante, suffisante pour être en mesure de mettre en évidence une éventuelle différenciation génétique entre zone urbaine et zone rurale (une condition nécessaire à la différenciation est un minimum de diversité dans la population initiale).

La variabilité génétique des populations étudiées indique que les allèles sont répartis de manière semblable entre les individus au sein de chaque population. Cependant, la variance deux fois plus élevée dans la population rurale que dans la population urbaine, indique qu'il y a plus de regroupements génétiques en zone rurale. Cette observation peut s'expliquer par le fait que la densité de hérissons ruraux est presque dix fois plus faible en zone rurale qu'en zone urbaine (voir chapitre II) et que les individus sont probablement répartis de manière hétérogène sur le terrain. Les difficultés de rencontre entre individus ruraux peuvent ainsi conduire à la formation de groupes reproductifs constitués d'individus proches génétiquement. Inversement, la population urbaine de hérissons est en forte densité sur une petite surface, les rencontres entre individus urbains peuvent se faire plus facilement, permettant un brassage homogène de l'information génétique (donc pas de formation de groupes génétiques). D'ailleurs, les observations de terrain semblent en adéquation avec ces suppositions, puisque nous avons capturé les hérissons ruraux en majorité autour ou dans les villages.

Les distances génétiques calculées montrent que la population urbaine et la population rurale ne se distinguent pas davantage l'une de l'autre qu'elles ne se distinguent du groupe d'individus hors du site d'étude. De plus, les faibles valeurs obtenues indiquent qu'il n'y a pas de différenciation génétique entre la population urbaine et la population rurale. Si l'on se réfère à la classification hiérarchique, les deux sous-groupes génétiques observés ne correspondent pas tout à fait à la population urbaine et à la population rurale : dans le premier groupe génétique se retrouvent quand même presque uniquement des individus ruraux et dans le second, une majorité d'individus urbains, même si des individus ruraux s'y retrouvent, alors qu'ils sont en fait éloignés de la ville sur le terrain. Sans parler d'une différenciation génétique évidente, il est à noter une légère tendance des individus urbains à se reproduire entre eux et à se différencier de la population rurale voisine.

Deux hypothèses peuvent être avancées pour expliquer ces résultats. Soit l'isolement reproductif de la population urbaine est en cours mais elle est trop récente pour pouvoir être mise en évidence, puisque la dérive génétique n'a pas eu le temps d'agir, surtout avec une diversité génétique importante au départ. Soit il n'y a pas d'isolement reproductif, les individus d'une zone se reproduisent aussi bien avec ceux de la même zone qu'avec ceux de la zone voisine, car les périodes de reproduction sont synchrones dans les deux zones et les individus sont suffisamment mobiles pour aller se reproduire avec des individus éloignés, permettant un flux de gènes régulier entre la population urbaine et la population rurale.

Bien qu'aucune recapture de hérisson n'ait révélé de déplacements d'individus de la zone urbaine vers la zone rurale ou inversement, des observations de terrain que nous avons faites suggèrent que les hérissons sont relativement mobiles, davantage même que certaines données de la littérature (Becher & Griffith 1998) ne le laissaient présager. En effet, en pleine zone urbaine, des hérissons ont été recapturés à environ 950 m du lieu de leur première capture, traversant ainsi la ville sans difficulté. Un cas particulier mérite d'être mentionné : celui d'un mâle adulte (le n°H033) suivi lors des sessions de capture qui a effectué un déplacement en zone urbaine nécessitant la traversée de la Meuse, qui, à cet endroit fait 45 m de large ! Qu'il ait emprunté un pont ou traversé à la nage, il est clair que la largeur du fleuve n'a pas constitué une barrière physique à ses déplacements.

L'isolement reproductif peut, parfois, être du à des différences comportementales entre individus de populations différentes (Bush 1975). Cela ne semble cependant être le cas en ce qui concerne la population urbaine de hérissons que nous avons étudiée. En effet, il semble que la période de reproduction soit au moins en partie la même dans les deux zones puisque, lors d'une même nuit, nous avons observé des hérissons en accouplement aussi bien en zone urbaine qu'en zone rurale. Davantage de données seraient cependant nécessaires pour mieux connaître les périodes de reproduction des hérissons en zone urbaine et en zone rurale.

En conclusion, les résultats de notre étude ne tendent pas à renforcer l'hypothèse de « l'île urbaine », contrairement à ceux des études conduites jusqu'alors sur les populations urbaines de hérissons. Selon Becher & Griffiths (1998), les mouvements de longue distance des hérissons au sein de la ville d'Oxford doivent être rares, étant donné que l'étude génétique par la technique des microsatellites, conduite sur huit petites populations situées dans le comté d'Oxford, montre une différenciation génétique inter-population importante. Il est possible que, dans des zones urbaines de grande taille comme celle d'Oxford, les barrières physiques aux déplacements des hérissons soient plus nombreuses et s'étendent sur une plus grande surface que dans une petite zone urbaine comme celle de Sedan, où le risque d'isolement géographique de la population urbaine serait, de ce fait, atténué. Il serait intéressant de répéter cette étude dans plusieurs zones urbaines de superficie et de composition différentes (avec aussi des effectifs plus élevés d'individus suivis), pour appréhender l'effet de différents degrés d'urbanisation sur la possibilité d'isolement reproductif des populations urbaines de hérisson.

V. DISCUSSION GÉNÉRALE

La croissance sans précédent de l'étendue des zones urbaines sur les territoires ruraux ou sauvages alentours, observée ces dernières décennies, suscite de nombreuses interrogations sur la capacité des espèces sauvages à s'accommoder (ou non) de cette situation et sur les processus mis en jeu lors de cette accommodation. L'étude que nous avons conduite sur les hérissons, dans ce contexte, avait pour objectif de contribuer à améliorer notre compréhension de la dynamique des populations de mammifères sauvages qui parviennent à se maintenir et à prospérer en ville. Nous avons comparé les caractéristiques et les paramètres démographiques d'une population urbaine et d'une population rurale de hérisson, pour tenter d'identifier les facteurs écologiques à l'origine des ajustements observés et pour estimer le risque d'isolement reproductif de la population urbaine.

Différentes approches méthodologiques ont été utilisées : estimation de la densité à partir de comptages réalisés sur des transects linéaires, estimation de la disponibilité alimentaire en zone urbaine et rurale à partir d'un échantillonnage des ressources, analyse du taux de survie à partir de données de capture-marquage-recapture, évaluation de la condition physique des individus par l'utilisation de différents indices, estimation de la charge parasitaire et, enfin, calcul du taux d'homozygotie et de la variabilité génétique dans la population ainsi que des distances génétiques entre individus. Notre analyse des données a permis d'identifier les facteurs écologiques qui ont un effet sur l'abondance des hérissons et sur la productivité des jeunes. Elle a également permis de tester les effets de l'urbanisation sur la probabilité de survie des hérissons adultes, en rapport avec leur condition physique. Enfin, l'approche génétique a permis d'évaluer le degré d'isolement reproductif de la population urbaine par rapport à la population rurale et, ainsi, de mieux évaluer l'impact de l'urbanisation sur la structure génétique des populations de hérissons.

La forte densité de population enregistrée en zone urbaine, de neuf fois supérieure à celle enregistrée en zone rurale, pourrait révéler, en termes de démographie, un taux de survie des individus plus élevé en zone urbaine qu'en zone rurale, ou un taux de natalité plus élevé, ou encore, un taux de migration important des individus de la zone rurale vers la zone urbaine.

La majorité des études conduites sur des populations synurbaines suggèrent que ce sont les disponibilités alimentaires d'origine anthropique qui permettent à ces populations d'atteindre de fortes densités (Adams *et al.* 2006, Riley 1998), en agissant sur les paramètres démographiques. Par exemple, les résultats de Fedriani *et al.* (2001) indiquent une densité élevée de coyotes dans la ville de Los Angeles ainsi qu'une modification du régime alimentaire des individus dans ce milieu. Les auteurs en ont conclu que la disponibilité alimentaire d'origine anthropique serait à même d'entraîner une élévation de la densité. Cependant, nos données indiquent que la différence de disponibilité des principales ressources alimentaires entre zone urbaine et rurale, que nous avions supposée être en grande partie responsable de la forte densité de hérissons enregistrée en ville, n'est pas en mesure d'expliquer toute l'amplitude de la différence de densité observée.

Il est d'ailleurs apparu que la condition physique des hérissons, en grande partie liée à la disponibilité des ressources alimentaires, n'est pas meilleure dans la population urbaine qu'elle ne l'est dans la population rurale, de même que le taux de survie n'y est pas plus élevé. Nos résultats indiquent donc que la disponibilité des ressources alimentaires d'origine anthropique ne constitue pas forcément le principal facteur explicatif d'une densité élevée des populations synurbaines. Ils indiquent aussi qu'il est important de ne pas oublier la disponibilité des ressources alimentaires « naturelles » (lombrics dans notre cas) lorsqu'on s'intéresse à la disponibilité de la nourriture en milieu urbain. Nos données confirment celles de Parker (2006) qui a montré que la densité élevée d'une population d'écureuils gris dans un parc urbain de Washington n'est pas liée à la richesse du milieu en nourriture.

La précision de l'estimation de la disponibilité alimentaire de lombrics et d'arthropodes terrestres en zone urbaine et en zone rurale pourrait être améliorée dans de futures études par la multiplication des sites d'échantillonnage dans les deux zones. En effet, notre estimation basée sur l'échantillonnage de cinq sites par habitat (pâture, culture, forêt, fauche et pelouse) n'est peut-être pas suffisante pour bien tenir compte de l'hétérogénéité spatiale de la distribution des ressources alimentaires des hérissons qui pouvait exister au sein de la zone d'étude.

Par ailleurs, nos résultats indiquent que la forte densité de hérissons enregistrée en zone urbaine n'est pas due à un taux de survie des adultes plus élevé dans cette zone qu'en zone rurale, ni à un taux de natalité plus élevé, puisque le nombre de jeunes par adulte n'est pas plus élevé en ville qu'en campagne. Si cette augmentation de densité n'est liée ni à une meilleure survie ni à une plus forte natalité des individus, alors elle est peut-être liée à la migration d'individus de la campagne vers la ville. Cependant, l'étude de la structure génétique de la population que nous avons conduite n'indique pas de différenciation génétique nette entre la population urbaine et la population rurale, ce qui traduit indirectement un flux d'individus régulier entre ville et campagne.

Une immigration régulière des individus ruraux vers la ville pourrait contribuer à la densité élevée de notre population urbaine de hérissons, comme supposé pour d'autres espèces, en particulier chez les oiseaux. Par exemple Grégoire (2002) a repris les termes de Marzluff (2001) qui, pour le cas de la synurbanisation de la corneille noire d'Amérique, *Corvus brachyrhynchos,* décrit l'habitat urbain, ni comme un « habitat source », ni comme un « habitat puit » mais plutôt comme un « habitat éponge » récupérant le surplus d'individus produit par les populations extérieures. De la même manière, l'étude de Hoffmann *et al.* (2003), conduite sur une population urbaine de spermophiles (*Spermophilus citellus*) dans une ville d'Autriche, suggère qu'une immigration réduite est certainement à l'origine de la diminution de la densité de population observée chez ce mammifère.

Chez le hérisson, si des individus ruraux se déplacent vers la ville, ils ne font sans doute pas partie d'un "surplus" puisque la densité de la population rurale est relativement faible. Par contre, il est possible que les caractéristiques environnementales du milieu urbain puissent « attirer » les individus nés dans la campagne adjacente. L'une de ces caractéristiques est la présence de nombreux éléments linéaires du paysage, auxquels le hérisson est particulièrement sensible. En effet, les déplacements des individus de cette espèce se font généralement à proximité des haies, des murs, des talus qui fournissent, semble-t-il, des facilités d'orientation et une protection en cas de dérangement (Huijser 2000). Les haies omniprésentes en milieu suburbain et périurbain pourraient alors attirer les hérissons, et les guider ensuite dans les jardins des habitants et dans les parcs urbains, où ils peuvent trouver nourriture et abris.

Marzluff (2001) souligne également, dans l'exemple de la corneille d'Amérique, que ce sont surtout les individus à proximité directe de la ville qui sont concernés par « l'effet éponge » de l'habitat urbain et, notamment, les individus non reproducteurs. Il est vraisemblable que cela soit aussi le cas chez le hérisson puisque les adultes ne semblent pas concernés par la dispersion, et que les distances de dispersion natale ne sont pas très élevée (aux alentours de 5km, en l'état actuel des connaissances, Huijser 2000). Pour en savoir plus, il serait intéressant de mettre en place des études concernant la dispersion des jeunes hérissons, en particulier à la frontière des villes et de leur campagne.

Pour étudier le taux de survie des jeunes hérissons et de leurs modes de dispersion, un suivi régulier de la localisation des individus sur le terrain s'avèrerait nécessaire. Plus pratique à utiliser sur de petits animaux que les émetteurs radio classiques utilisés en radio-pistage, les radars harmoniques (Flemming *et al.* 1977, Lovei *et al.* 1997) pourraient permettre ce suivi, bien que cet outil n'ait encore jamais été utilisé chez le hérisson. Le principe de la méthode est plutôt simple: un signal radar est d'abord envoyé par un appareil détenu par l'observateur. Lorsqu'un animal équipé d'une diode est à proximité (figure 27), une "harmonique" du signal de départ est renvoyée à l'observateur, permettant ainsi la localisation de l'animal. Les distances de détection des animaux varient de 5 à environ 100-150 mètres, selon la taille de la diode utilisée. Cette méthode peut s'avérer utile et peu invasive pour l'étude de nombreuses espèces d'animaux sauvage.

Figure 27. Escargot équipé d'une diode (entourée en rouge) permettant à l'observateur muni d'un radar harmonique, de localiser l'animal

L'hypothèse de « l'île urbaine », qui suggère un isolement reproductif et une différenciation génétique entre les populations urbaines et celles avoisinantes (Gloor *et al.* 2001, Luniak 2004, Pagh 2008) n'a été que très peu testée sur le terrain. Les résultats de notre étude suggèrent au contraire que l'échange d'individus entre la population urbaine de hérisson et la population rurale voisine est suffisamment régulier pour éviter l'isolement génétique de la population urbaine. Nos conclusions se rapprochent de celles de Wandeler *et al.* (2003) qui indiquent que, pour le Renard roux, les échanges d'individus entre la ville de Zurich et les campagnes environnantes ne sont pas rares, au point de finir par supprimer le début de différenciation génétique amorcée par l'effet fondateur des quelques individus qui ont colonisé la ville quinze années auparavant. L'hypothèse de l'île urbaine dans le cas de populations synurbaines de mammifères, comme les renards ou les hérissons, ne semble donc pas être une hypothèse à privilégier.

Notre étude apporte des éléments qui peuvent être utiles à la gestion et à la conservation des populations de mammifères sauvages en zone urbaine, puisqu'elle suggère qu'une attention toute particulière doit être portée à la possibilité d'échanges entre la population urbaine considérée et les populations voisines. En théorie, réduire la disponibilité de certains corridors de déplacement, de manière spécifique, serait à même de limiter l'explosion démographique des populations de mammifères non désirées, et l'aménagement de certains corridors pourraient être à même de maintenir une population désirée.

D'un autre côté, il est aussi possible que la population urbaine de hérissons ait connu, au début de son processus de synurbanisation, une productivité et un taux de survie élevés qui auraient contribué à un fort accroissement de la densité. Elle pourrait être actuellement dans une phase de stabilité démographique: les populations auraient atteint les capacités limites du milieu et présenteraient ainsi une productivité et un taux de survie des individus similaires. Il faudrait alors conduire une étude à plus long terme pour savoir si les populations étudiées sont dans une phase de stabilité démographique ou pas. Cet aspect a été, pour l'instant, peu exploré dans les études conduites en écologie urbaine, puisque l'accroissement des villes et la colonisation de la majorité des espèces urbaines sont généralement récentes.

Ce travail a été conduit en deux ans mais, même sur cette courte période de temps, nous avons observé une tendance à la variation interannuelle des paramètres démographiques de la population étudiée qui devrait être prise en compte dans la perspective d'autres études à conduire. De 2006 à 2007, la densité de la population urbaine a eu une légère tendance à diminuer, les hérissons semblaient moins corpulents et leur dynamique d'engraissement était moins marquée, enfin, les individus étaient généralement moins porteurs de tiques.

La plus faible charge parasitaire observée en 2007 pourrait s'expliquer par la plus faible densité de hérissons enregistrée cette année-là. La diminution de la densité et de la condition physique des individus pourrait, elle, être due à des conditions météorologiques. En effet, une étude de huit ans menée sur le hérisson en Suède indique que la densité d'une population de hérisson peut doubler ou diminuer de moitié d'une année sur l'autre, sans doute en lien avec la rigueur des conditions hivernales (Kristiansson 1990). Ainsi, on peut supposer que l'hiver a été moins rude en 2005-2006 qu'en 2006-2007, ce qui a pu permettre la survie de davantage d'individus. Cependant, les températures et la pluviométrie enregistrées quotidiennement par quatre stations météorologiques situées dans les Ardennes au cours de ces deux hivers ne confirment pas cette hypothèse, puisque l'hiver 2006-2007 a été plus chaud et plus humide que l'hiver 2005-2006 (figure 28), donc plus enclin à favoriser la survie des hérissons lors de la période d'hibernation.

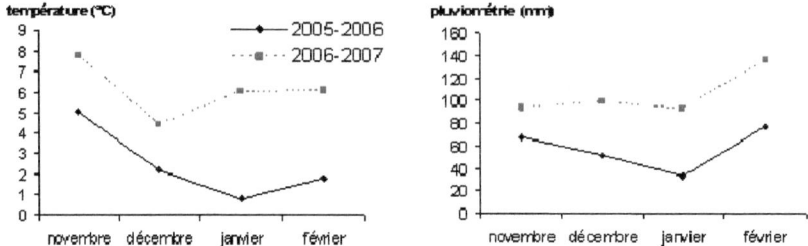

Figure 28. Moyennes mensuelles des températures ambiantes et de la pluviométrie enregistrées par quatre stations météorologiques situées dans les Ardennes, pendant la fin de l'automne et le début de l'hiver en 2005-2006 et en 2006-2007. Source: Association Météorologique des Ardennes

Cependant, si les hivers doux et pluvieux permettent au hérisson de survivre à l'hibernation, ils permettent aussi aux escargots et aux limaces de prospérer (Crawford-Sidebotham 1972, Sternerg 2001, Willis *et al.* 2006). Ingérés, ces mollusques peuvent transmettre aux hérissons des parasites internes, notamment des nématodes du genre Crenosoma qui se logent dans les poumons et peuvent entraîner une perte de poids ainsi que la mort des individus porteurs d'un bon nombre de ces parasites (Reeve 1994). Il est donc possible que les escargots et les limaces aient été plus abondants à l'issue de l'hiver 2006-2007 qu'à l'issue de l'hiver précédent, et donc davantage à même de transmettre des parasites susceptibles d'affaiblir les hérissons, ce qui pourrait expliquer la dynamique d'engraissement moins marquée en 2007 qu'en 2006 et la réduction de la densité de population. En effet, en 2007, nous avons d'ailleurs observé sur le terrain bien davantage d'escargots et de limaces en activité nocturne que l'année précédente et nous avons capturé huit hérissons présentant des symptômes d'infection, c'est à dire une respiration difficile et bruyante contre seulement deux présentant les mêmes symptômes en 2006. Des études plus poussées devraient être menées pour savoir si la charge de parasites interne pourrait effectivement être un facteur de mortalité à ne pas négliger lors de l'étude de la dynamique des populations de hérissons.

Notre étude a d'ailleurs permis de montrer que le hérisson, animal encore peu étudié, devrait peut-être davantage être pris en compte dans les études consacrées aux modalités d'interactions hôte-parasite. En effet, il est porteur de plusieurs genres et espèces de parasites, externes et internes (revue dans Reeve 1994) et nos données laissent à penser que les patrons d'infestation par des parasites externes peuvent varier selon le type d'environnement.

De façon générale, il serait intéressant de disposer de données similaires aux nôtres issues d'une autre ville que celle de Sedan, pour savoir si la modification des caractéristiques et de la dynamique des populations urbaines de hérissons peut différer d'une ville à l'autre, en lien, par exemple, avec la composition du paysage urbain en espaces verts, la superficie, ou encore la possibilité d'échanges avec les populations voisines. Certaines études suggèrent en effet qu'à l'intérieur d'une même espèce, les patrons démographiques des populations soumises à l'urbanisation peuvent être différents. Par exemple, chez le merle noir, un certain nombre de travaux se sont déjà intéressés à la survie adulte entre milieux urbain et rural, et il s'avère que les résultats obtenus sont parfois en désaccord. Certains d'entre eux suggèrent une survie plus élevée en ville qu'en campagne (Grégoire 2002, Luniak & Muslow 1988), et d'autres suggèrent l'inverse (Batten 1973). Enfin, la conduite d'une étude longue d'une dizaine d'années permettrait sans doute de mieux comprendre l'évolution de la dynamique des populations de hérisson d'une année sur l'autre et, ainsi, de prendre en compte cette évolution dans l'étude des ajustements démographiques des populations aux conditions urbaines.

A l'heure où la colonisation des villes par les espèces sauvages est de plus en plus importante (Luniak 2004), la question se pose de savoir si, malgré l'accueil généralement positif qui leur est réservé par les citadins, l'installation d'animaux sauvages dans nos villes ne risque pas d'avoir des conséquences néfastes liées à leurs activités ou survenant à la suite d'interactions avec les humains. Le blaireau, par exemple, qui s'est installé dans certaines villes d'Europe, cause souvent des dégâts par son comportement de terrassier et peut ainsi facilement endommager des propriétés privées, en creusant des trous dans le sols, et surtout en y construisant des terriers (Davison 2008). D'ailleurs, en Angleterre, près de 200 demandes d'actions sont déposées chaque année pour stopper des dégâts causés par les activités des blaireaux urbains (Ward 2007).

De plus, une réduction de la crainte des humains chez les animaux habitués à côtoyer ces derniers peut engendrer des comportements parfois agressifs des carnivores présents en ville. Dans l'ouest des États-Unis par exemple, les cas de morsures de citadins par des coyotes ne sont pas inhabituels (Gomper 2002). Cependant les cas de décès à la suite de ces attaques ne sont qu'extrêmement rares. Ces comportements agressifs peuvent être en partie liés à une mauvaise compréhension du comportement des animaux par les humains. Des études ont ainsi montré que même si l'intérêt pour les espèces sauvages en ville est élevé, les citadins sont généralement mal informés sur les espèces qu'ils peuvent rencontrer (Penland 1987). Par exemple, une erreur qui intervient souvent, et qui peut avoir des conséquences néfastes, est de considérer comme "amical", un animal qui ne fuit pas tout de suite face à l'approche d'un humain.

De plus, les animaux sauvages peuvent aussi être porteurs de divers parasites et microbes transmissibles à l'homme. Par exemple, des ratons laveur du parc Rock Creek, un parc national urbain de Washington, D.C, étaient porteurs de la rage dans les années 1980 (Riley 1998). Les renards urbains peuvent aussi être vecteurs d'une autre zoonose, l'échinococcose, dont les conséquences pour les personnes atteintes peuvent s'avérer graves (Jenkins et Craig 1992, Eckert & Deplazes 2004). Les chats domestiques sont également susceptibles d'être porteurs de Toxoplasma gondii, parasite responsable de la toxoplasmose, qui est, elle aussi, une zoonose. Ils peuvent ainsi contaminer localement l'environnement urbain par des oocystes contenus dans les fèces (Afonso 2007). Enfin, la maladie de Lyme, véhiculée par les tiques, est sans doute la zoonose la plus répandue au sein de nos villes (Adams *et al.* 2006).

Les interactions entre la faune sauvage et les hommes en milieu urbain ne feront sans doute que s'accroître au cours des années et l'énumération des risques potentiels, pour les citadins, liés à cette proximité fait prendre conscience du besoin d'informer ces derniers sur les caractéristiques des espèces sauvages qu'ils côtoient. Le problème est que nos connaissances sur ces espèces, en particulier les mammifères, est limitée en habitat urbain. Il apparaît alors crucial de développer des études qui puissent aboutir à une meilleure compréhension du comportement des animaux en ville et de la dynamique des populations synurbaines (en y incluant les relations hôte-parasite). Divers aspects de la synurbanisation du hérisson devraient encore être explorés et certaines espèces encore très peu étudiées en ville pourraient faire l'objet de nouveaux travaux comme par exemple, l'écureuil roux ou encore la fouine (*Martes fouina*). Les études conduites en écologie urbaine devraient également intégrer une composante sociale, pour considérer l'opinion des citadins sur les espèces qu'ils rencontrent et pour recueillir des informations provenant de l'observation d'animaux sauvages dans les jardins et les parcs.

L'avenir des populations sauvages en milieux urbanisés est un domaine d'étude encore inexploré. L'évolution à long terme de la densité, de la structure génétique des populations synurbaines et des caractéristiques des espèces, est à ce jour, encore difficile, voire impossible à prévoir, par manque de connaissances. Un axe de recherche intéressant concerne l'évolution du mode de vie social des animaux en lien avec la modification de la densité des populations et de la distribution des ressources en milieu urbain. Ainsi, en condition d'abondance des ressources alimentaires et en forte densité de population, le blaireau européen ou le renard roux, par exemple, forment de grands groupes dont les membres semblent développer des relations sociales plus élaborées que dans le cas de populations en faible densité ou en condition de disponibilité alimentaire faible (Cheeseman *et al.* 1987, Neal & Cheeseman 1996). Fritzell (1978) a également constaté que les ratons-laveurs étaient territoriaux en zone rurale alors que l'étude de Riley *et al.* (1998), conduite dans un parc urbain, indique que les domaines vitaux des individus se recouvrent largement, qu'ils soient mâles ou femelles. Les sites de repos diurnes sont même parfois partagés, que ce soit simultanément ou d'un jour à l'autre (Hadidian *et al.* 1991). L'urbanisation serait donc susceptible chez certaines espèces, peut-être prédisposées, de renforcer les comportements sociaux des individus qui viennent vivre en nombre dans nos villes. Cet ajustement "social" mériterait d'être davantage mis en parallèle avec les autres modes d'ajustements qui s'opèrent en milieu urbain, notamment ceux qui se manifestent au niveau de la dynamique de population et qui ont plus particulièrement fait l'objet de la présente étude.

VI. CONCLUSION

La présente étude apporte des informations qui permettent de mieux appréhender la façon dont une population de mammifère sauvages, notamment une population de hérissons, peut s'ajuster aux conditions particulières du milieu urbain, d'un point de vue démographique et en lien avec la disponibilité des ressources alimentaires.

La forte densité de population de hérissons enregistrée en zone urbaine, de neuf fois supérieure à celle enregistrée en zone rurale, peut avoir plusieurs origines : une meilleure survie des individus urbains, et/ou un taux de natalité plus élevé en zone urbaine, et/ou des mouvements d'immigration des hérissons de la zone rurale vers la zone urbaine. La disponibilité alimentaire, au départ supposée être de première importance pour expliquer ces changements démographiques, ne semble finalement pas expliquer toute l'amplitude de la différence de densité observée, puisque, exception faite des aliments pour chats et chiens un peu plus abondants en zone urbaine qu'en zone rurale, la disponibilité alimentaire est similaire entre ces deux zones. Par ailleurs, nos résultats indiquent que la forte densité de hérissons enregistrée en zone urbaine n'est pas due à un taux de survie des adultes plus élevé, ni à un taux de natalité supérieur en ville qu'en campagne. Une immigration régulière des individus ruraux vers la ville pourrait alors contribuer à la densité élevée de notre population urbaine de hérissons.

D'ailleurs, l'analyse de la structure génétique de la population globale suggère que des échanges d'individus réguliers ont lieu entre la zone urbaine et la zone rurale. Il serait intéressant d'étudier plus précisément les déplacements des hérissons sur le terrain et, en particulier, le mode de dispersion des jeunes individus. De plus, nos données mettent en évidence le fait que l'étude du fonctionnement d'une population urbaine de mammifères nécessite l'étude conjointe des populations rurales voisines, puisque d'une part, les échanges entre ces populations peuvent avoir lieu, et d'autre part, la comparaison d'un milieu urbain à un milieu rural permet de savoir dans quelle mesure les conditions environnementales sont différentes en ville et en campagne à l'échelle de l'espèce étudiée.

VII. BIBLIOGRAPHIE

A

Adams, C.E., Lindsey, K.J. & Ash, S.J. - 2006. Urban wildlife management. Taylor & Francis Group, 305 p

Adams, L.W. - 1994. Urban wildlife habitats. Minneapolis: University of Minnesota Press.

Afonso, E. - 2007. Étude de la dynamique de la transmission de *Toxoplasma Gondii* dans des milieux contrastés. Doctorat de l'Université de Reims Champagne-Ardenne.

Alberti, M., Marzluff, J.M., Shulenberger, E., Bradley, G., Ryan, C. & Zumbrunnen, C. - 2003. Integrating Humans into Ecology: Opportunities and challenges for studying urban ecosystems. BioScience, 53: 1169-1179.

Andrzejewski, R., Babińska-Werka, J., Gliwicz, J. & Goszczyński, J. - 1978. Synurbization processes in an urban population of *Apodemus agrarius*. I. Characteristics of population in urbanization gradient. Acta Theriologica, 23: 341-358.

Angel, S., Sheppard, S.C., & Civco, D.L. - 2005. The dynamics of global urban expansion. Transport and Urban Development Department. The World Bank, Washington D.C.

Angerbjorn, A. - 1986. Reproduction of mountain hares (Lepus timidus) in relation to density and physical condition. Journal of Zoology (London), 208: 559-68.

B

Babińska-Werka, J., Gliwicz, J. & Goszczyński, J. - 1979. Synurbization processes in an urban population of *Apodemus agrarius*. II. Habitats of the Striped field mouse in town. Acta Theriologica, 26: 405-415.

Barrett, G.W. & Barrett, T.L. - 2001. Cemeteries as repositories of natural and cultural diversity. Conservation Biology, 15 : 1820-1824.

Batten, L.A. 1973. Population dynamics of suburban Blackbirds. Bird Study, 20:251–258.

Beatty, J. & Mills, S. - 1979. The propensity interpretation of fitness. Philosophy of Science, 46: 263-288.

Becher, S.A. & Griffiths, R. - 1997. Isolation and characterisation of six polymorphic microsatellite loci in the European hedgehog *Erinaceus europaeus*. Molecular Ecology 6: 89-90.

Becher, S.A. & Griffiths, R. - 1998. Genetic differenciation among local populations of the European hedgehog (*Erinaceus europaeus*) in mosaic habitats. Molecular Ecology. 7: 1599-1604.

Beissinger, S.R. & Osborne, D.R. - 1982. Effects of urbanization on avian community organization. Condor, 84: 75-83

Berthoud, G.- 1978. Note préliminaire sur les déplacements du Hérisson européen. Terre et Vie, 32: 73-81.

Berthoud, G. - 1982. Contribution à la biologie du Hérisson (*Erinaceus europaeus* L) et application à sa protection, Neuchâtel, Suisse.

Bierwagen, B.G. - 2007. Connectivity in urbanizing landscapes: the importance of habitat configuration, urban area size, and dispersal. Urban Ecosystems, 10: 29-42.

Blair, R.B. - 2001. Birds and butterflies along urban gradients in two ecoregions of the U.S. Pages 33–56 in Lockwood JL & McKinney ML, eds. Biotic Homogenization. Norwell (MA): Kluwer.

Blair, R.B. & Launer, A.E. - 1997. Butterfly diversity and human land use: species assemblages along an urban gradient. Biological Conservation, 80:113–125.

Botkin, D.B. & Beveridge, C.E. - 1997. Cities as environments. Urban Ecosystems, 1: 3–19

Bryant, M.M. - 2006. Urban landscape conservation and the role of ecological greenways at local and metropolitan scales. Landscape and urban planning, 76: 23-44.

Buckland, S.T., Anderson, D.R., Burnham, K.P., Laake, J.L., Borchers, D.L. & Thomas, L. - 2001. Introduction to Distance Sampling. Oxford: Oxford University Press.

Buijs, J.A. & Van Wijnen, J.H. - 2001. Survey of Feral rock doves (*Columba livia*) in Amsterdam, a bird-human association. Urban Ecosystems, 5: 235-241.

Bush, G.L. - 1975. Models of animal speciation. Annual Review of Ecology and Systematics, 6: 339-364.

C

Callender, E. & Rice, K.C. - 1999. The urban environmental gradient: anthropogenic influences on the spatial and temporal distributions of lead and zinc in sediments. Environmental Science and Technology, 34:232–238

Carroll, S.P., Dingle, H. & Klassen, S.P. - 1997. Genetic differenciation of fitness-associated traits among rapidly evolving populations of the soapberry bug. Evolution, 51:1182–1188.

Cassini, M.H. & Föger, B. - 1995. The effect of food distribution on habitat use of foraging hedgehogs and the ideal non-territorial despotic distribution. Acta Oecologia, 16: 657-669.

Cheeseman, C.L., Wilesmith. J.W., Ryan, J. & Mallison, P.J. - 1987. Badger population dynamics in a high-density area. Symposia of the Zoological Society of London, 18 (1): 61-72.

Cherel, Y., El Omari, B., Le Maho, Y., & Saboureau, M. - 1995. Protein and lipid utilization during fasting with shallow and deep hypothermia in the European hedgehog (*Erinaceus europaeus*). Journal of Comparative Physiology B: Biochemical, Systemic, and Environmental Physiology, 164: 653-658.

Clergeau, P., Jokimaki, J., & Savard, J.-P.L. - 2001. Are urban bird communities influenced by the bird diversity of adjacent landscapes? Journal of Applied Ecology, 38: 1122-1134.

Clergeau, P. - 2007. Une écologie du paysage urbain. Éditions Apogée. 135 p.

Collins, J.P., Kinzig, A., Grimm, N.B., Fagan, W.F., Hope, D., Wu, J. & Borer, W.T. - 2000. A new urban ecology. American Scientist, 88: 416-425.

Cooch, E.G., & G.C. White. - 2005. Program MARK: a gentle introduction. http://www.phidot.org/software/mark/docs/book/

Crawford-Sidebotham, T.J. - 1972. The influence of weather upon the activity of slugs. Oecologia, 9: 141-154.

D

Danilevsky, A. S., Goryshin, N. I. & Tyshchenko, V. P. -1970. Biological rhythms in terrestrial arthropods. Annual Review of Entomology, 15: 201-244

Davison, J., Huck, M., Delahay, R.J. & Roper, T.J. - 2008. Urban badger setts: characteristics, patterns of use and management implications. Journal of Zoology, 275: 190-200.

Destefano, S. & Deblinger, R.D. - 2005. Wildlife as valuable natural resources vs. intolerable pests: a suburban wildlife management model. Urban Ecosystems, 8: 179-190.

Deutsch, C.J., Haley, M.P. & Le Boeuf, B.J. - 1990. Reproductive effort of male northern elephant seals: estimates from weight loss. Canadian Journal of Zoology, 68: 2580–2593.

Ditto, A.M. & Frey, J.K. - 2007. Effects of ecogeographic variables on genetic variation in montane mammals: implications for conservation in a global warming scenario. Journal of Biogeography, 34: 1136-1149.

Doby, J.M., Bigaignon, G., Degeilh, B. & Guiguen, C. - 1994. Ectoparasites des grands mammifères sauvages, cervidés et suidés, et Borréliose de Lyme. Recherche de *Borrelia burdorferi* chez plus de 1400 tiques, poux, pupipares et puces. Revue Médicale Vétérinaire, 145: 743-748.

Doncaster, C.P. - 1992. Testing the role of intraguild predation in regulating hedgehog populations. Proceedings of the Royal Society, Series B, 249: 113-117.

Doncaster, C.P. - 1994. Factors regulating local variations in abundance: field tests on hedgehogs (*Erinaceus europaeus*). Oikos, 69: 182-192.

Douglas, I. – 1992. The case for urban ecology. Urban Nature Magazine, 1: 15-17

E

Eckert, J. & Deplazes, P. - 2004. Biological, epidemiological, and clinical aspects of echinococcosis, a zoonosis of increasing concern. Clinical Microbiology Revue, 17: 107-135.

Egli, R. - 2004. Comparison of physical condition and parasites burdens in rural, suburban and urban hedgehogs *Erinaceus europaeus*: Implications for conservation. Thèse de doctorat. Université de Bern.

F

Feare, C. J. & Douville de Franssu, P.- 1992. The starling in Europe: multiple approaches to a problem species. Proceedings of the Fifteenth Vertebrate Pest Conference 1992, Vertebrate Pest Conference Proceedings collection. University of Nebraska – Lincoln.

Fedriani, J.M., Fuller, T.K. & Sauvajot, R.M. - 2001. Does availability of anthropogenic food enhance densities of omnivorous mammals? An example with coyotes in Southern California. Ecography, 24: 325-331.

Fernandez-Juricic, E. & Jokimaki, J. - 2001. A habitat island approach to conserving birds in urban landscapes: case studies from southern and northern Europe. Biodiversity and Conservation, 10: 2023-2043.

Fitze, P.S., Tschirren, B. & Richner, H. - 2004. Life history and fitness consequences of ectoparasites. Journal of Animal Ecology 73: 216–226.

Flemming, M.A., Mullins, F.H. & Watson, A.W.D. - 1977. Harmonic radar detection systems. Radar IEE, 1977. p.552-557.

Fritzell, E.K. - 1978. Aspects of raccoon (*Procyon lotor*) social organization. Canadian Journal of Zoology, 56: 260–271.

G

Gachot-Neveu, H., Petit, M. & Roeder, J.J. - 1999. Paternity determination in two groups of *Eulemur fulvus mayottensis*: implication for understanding mating strategies. International Journal of Primatology, 20:107-119.

Gering, C. & Blair, R. B. - 1999. Predation on artificial bird nests along an urban gradient: predatory risk or relaxation in urban environments? Ecography, 22:532-541.

Germaine, S.S. & Wakeling, B.F. - 2001. Lizard species distributions and habitat occupation along an urban gradient in Tucson, Arizona, USA. Biological Conservation, 97: 229-237.

Gilbert, O.L. - 1989. The Ecology of Urban Habitats. Chapman & Hall, London.

Gliwicz, J., Goszczynski, J. & Luniak, M. - 1994. Characteristic features of animal populations under synurbization, the case of the Blackbird and of the Striped field mouse. Memorabilia Zoologica, 49: 237-244.

Gloor, S., Bontadina, F., Hegglin, D., Deplazes, P. & Breitenmoser, U. - 2001. The rise of urban fox populations in Switzerland. Mammalian Biology, 66: 155-164.

Godefroid S. - 2001. Temporal analysis of the Brussels flora as indicator for changing environmental quality. Landscape and Urban Planning, 52: 203–224.

Gompper, M.E. - 2002. Top carnivores in the suburbs? Ecological and conservation issues raised by colonization of Northeastern North America by coyotes. BioScience, 52: 185-190.

Gordon, R.J. - 1998. A study of tuberculosis in hedgehogs so as to predict the location of tuberculous possums. PhD Thesis. Massey University, New-Zealand.

Graber, R.R. & Graber, J.W. - 1963. A comparative study of bird populations in Illinois, 1906-1909 and 1956-1958. Illinois Natural History Survey Bulletin, 28: 468-469.

Gray, J.S., Kahl, O., Janetzki-Mittman, C., Stein, J. & Guy, E. - 1994. Acquisition of Borrelia burgdorferi by *Ixodes ricinus* ticks fed on the European hedgehog, *Erinaceus europaeus* L. Experimental & Applied Acarolagy, 18: 485-491.

Grégoire, A. - 2002. Démographie et différenciation chez le Merle noir *Turdus merula* : liens avec l'habitat et les relations hôtes-parasites. Thèse de l'Université de Bourgogne.

Gregoire, A., Faivre, B., Heeb, P. & Cezilly, F. - 2002. A comparison of infestation patterns by Ixodes ticks in urban and rural populations of the Common Blackbird *Turdus merula*. Ibis, 144: 640-645

H

Hadidian, J., Manski, D., Flyger, V., Cox, C. & Hodge, G. -1987. Urban gray squirrel damage and population management: a case history. Third Eastern Wildlife Damage Control Conference, 1987. Eastern Wildlife Damage Control Conferences. University of Nebraska – Lincoln.

Hadidian, J., Manski, D.A. & Riley, S.P. - 1991. Daytime resting site selection in an urban raccoon population. Pp. 39–45 *in* "Proceedings of the 2nd National Symposium on Urban Wildlife, Cedar Rapids, Iowa, November 11–14, 1991". L.W. Adams & D.L. Leedy eds, National Institute for Urban Wildlife, Columbia, Md.. Hallet, J.G., O'Connell, M.A., Sanders, G.D. & Seidensticker, J.

Harris, S. & Smith, G. C. - 1987. Demography of two urban fox (*Vulpes vulpes*) populations. Journal of Applied Ecology, 24: 75-86.

Henderson, M., Becher, S.A., Doncaster, C.P. & Maclean, N. - 2000. Five new polymorphic microsatellite loci in the European hedgehog *Erinaceus europaeus*. Molecular Ecology, 9: 1949-1951.

Hendry, A.P., Wenburg, J.K., Bentzen, P., Volk, E.C. & Quinn, T.P. - 2000. Rapid evolution of reproductive isolation in the wild: evidence from introduced salmon. Science, 290: 516-518

Herfindal, I., Saether, B.E., Solberg, E.J., Andersen, R. & Hogda, K.A. - 2006. Population characteristics predict responses in moose body mass to temporal variation in the environment. Journal of Animal Ecology, 75: 1110-1118.

Hoffmann, I.E., Millesi, E., Pieta, K. & Dittami, J.P. - 2003. Anthropogenic effects on the population ecology of European ground squirrels (*Spermophilus citellus*) at the periphery of their geographic range. Mammalian Biology, 68: 205-213.

Hough M. -1995. Cities and natural processes. London: Routledge.

Hubert, P. - 2005. Processus de dispersion chez le Blaireau européen (*Meles meles*) : apport des marqueurs génétiques. Rapport de DEA, Université Strasbourg I

Hudson, P. J., Rizzoli, L., Grenfell, B. T., Heesterbeek, H. & Dobson, A. P. - 2006. The ecology of wildlife diseases. Oxford University Press.

Huey, R.B., Gilchrist, G.W., Carlson, M.L., Berrigan, D. & Serra, L. - 2000. Rapid evolution of a geographic cline in size in an introduced fly. Science, 287: 308–309.

Huijser, M.P. - 2000. Life on the edge. Hedgehog traffic victims and mitigation strategies in an anthropogenic landscape. PhD thesis, Wageningen University, Wageningen, The Netherlands.

J

Jackson, D.B. - 2006. The breeding biology of introduced hedgehogs (*Erinaceus europaeus*) on a Scottish Island: lessons for population control and bird conservation. Journal of Zoology, 268: 303–314.

Jenkins, D.J. & Craig, N.A. - 1992. The role of foxes *Vulpes vulpes* in the epidemiology of *Echinococcus granulosus* in urban environments. Medical Journal of Australia, 157: 754–756.

Jim CY - 1998. Urban soil characteristics and limitations for landscape planting in Hong Kong. Landscape Urban Plan, 40: 235–249

K

Kendle T & Forbes S. - 1997. Urban nature conservation. London: Chapman and Hall.

Khokhlova, I.S., Krasnov, B.R., Kam, M., Burdelova, N.I., & Degen, A.A. - 2002. Energy costs of ectoparasitism: the flea *Xenopsylla ramenis* on the desert gerbil *Gerbillus dasyurus*. Journal of Zoology, 256: 349–354.

König, A. - 2008. Fears, attitudes and opinions of suburban residents with regards to their urban foxes. European Journal of Wildlife Rescue, 54: 101-109.

Koskinen, M.T., Haugen, T.O. & Primmer, C.R. - 2002. Contemporary fisherian life-history evolution in small salmonid populations. Nature, 419: 826–830.

Krantz, G.W. - 1975. A manual of acarology. Oregon State University Book Stores, Inc., Corvallis.

Krebs, C.J. & Singleton, G.R. - 1993. Indices of Condition for Small Mammals. Australian Journal of Zoology, 41: 317-323.

Kristiansson, H. - 1984. Ecology of a hedgehog (*Erinaceus europaeus*) population in southern Sweden. Ph.D. thesis, University of Lund, Sweden.

Kristiansson, H. - 1990. Population variables and causes of mortality in a hedgehog (*Erinaceus europaeus*) population in southern Sweden. Journal of Zoology, London, 220: 391-404.

Kristja´nsson, B. K., Skulason, S. & Noakes, D.L.G. - 2002. Rapid divergence in a recently isolated population of threespine stickleback (*Gasterosteus aculeatus L.*). Evolutionary Ecology Research, 4: 659–672.

Kristoffersson, R. & Suomalainen, P. - 1964. Studies on the physiology of the hibernating hedgehog: 2. Changes of body weight of hibernating and non-hibernating animals. Annales Zoologici Fennici, 76:1-11.

Kruuk, H. - 1978. Foraging and spatial organisation of the European badger, *Meles meles* L. Behavioral Ecology and Sociobiology, 4:75-89.

L

Lambert, A. - 1990. L'exploitation des ressources alimentaires par le blaireau eurasien (*Meles meles* L., 1758). De la description du régime à l'étude de la prédation. PhD Thesis. Université d'Orléans.

Law, N.L., Band, L.E., & Grove JM - 2004. Nitrogen input from residential lawn care practices in suburban watersheds in Baltimore County, Md. Journal of Environmental Planning and Management, 47: 737–755

Lebreton, J.-D., Burnham, K.P., Clobert, J. & Anderson, D.R. - 1992. Modeling survival and testing biological hypotheses using marked animals. A unified approach with case studies. Ecological Monographs, 62: 67-118.

Lefevre, P. - 2003. Conséquence de la dispersion sur la structure génétique d'une population de renards roux (*Vulpes vulpes*) en milieu rural. Rapport de DEA, Université Strasbourg I.

Lima, S.L. - 1986. Predation risk and unpredictable feeding conditions: determinants of body mass in birds. Ecology, 67:377-385.

Lopez, R.R., Viera, M.E., Silvy, N.J., Frank, P.A., Whisenant, S.W. & Jones, D.A. - 2003. Survival, mortality, and life expectancy of Florida Key deer. Journal of Wildlife Management, 67:34–45.

Lovei G.L., Stringer I.A.N & Devine, C.D. - 1997. Harmonic radar - a method using inexpensive tags to study invertebrate movement on land. New Zealand Journal of Ecology, 21 (2):187-193.

Luniak, M. & Muslow, R. - 1988. Ecological parameters in urbanization of the European Blackbird. Pp 1787-1793 *in* "Acta XIX Congress International of Ornitology, Ottawa 2, Ouellet, H ed.

Luniak, M. - 2004. Synurbization - adaptation of animal wildlife to urban development. Proceedings 4th International Urban Wildlife Symposium. Shaw *et al.*, Eds.

Lynch, M. & Milligan, B.G. - 1994. Analysis of population genetic structure with RAPD markers. Molecular Ecology, 3: 91-99.

M

Mackin-Rogalska, R., Pinowski, J., Solon, J. & Wojcik, Z. - 1988. Changes in vegetation, avifauna and small mammals in a suburban habitat. Polish Ecological Studies, 14: 293-330.

Manski, D.A., VanDruff, L.W. & Flyger, V. - 1980. Activities of gray squirrels and people in a downtown Washington, D.C. park: management implications. Trans. North American Wildlife and Natural Resources Conference, 46: 439-454.

Marzluff, J.M. - 2001 Worldwide urbanization and its effects on birds. Pages 19–38 *in* "Avian ecology and conservation in an urbanizing world", M. Marzluff, R. Bowman, and R. Donnelly, eds, Kluwer Academic Publishers.

Matthiae P.E. & Stearns, F. - 1981. Mammals in forest islands in southeastern Wisconsin. Pages 55–66 *in* "Forest island dynamics in man-dominated landscapes", Burgess RL, Sharpe DM, eds., New York, Springer-Verlag.

Mayr, E. - 1970. Population, species and evolution. Cambridge, Harvard University Press.

McCleery, R.A., Lopez, R.R., Silvy, N.J., & Gallant, D.N. - 2008. Fox squirrel survival in urban and rural environments. Journal of Wildlife Management, 72: 133-137.

McIntyre, N.E., Rangob, J., Fagan, W.F., & Faeth, S.H. - 2001. Ground arthropod community structure in a heterogeneous urban environment. Landscape and Urban Planning, 52: 257-274

McKinney, M.L. - 2002. Urbanization, Biodiversity, and Conservation. BioScience, 52: 883-890.

Micol, T., Doncaster, C.P. & Mackinlay, L.A. - 1994. Correlates of local variation in the abundance of hegehogs (*Erinaceus europaeus*). Journal of Animal Ecology, 63: 851-860.

Millar, J.S. & Hickling, G.J. - 1990. Fasting endurance and the evolution of mammalian body size. Functional Ecology, 4: 5–12.

Miller, J.R. & Hobbs, R.J. - 2002. Conservation where people live and work. Conservation Biology, 16: 330-337.

Møller, A. P., Christe, P. & Lux, E. - 1999 Parasitism, host immune function, and sexual selection. Quarterly Review of Biology 74, 3–20.

Morand, S. & Poulin, R. - 1998. Density, body mass and parasite species richness of terrestrial mammals. Evolutionary Ecology, 12: 717-727

Morris, P.A. - 1984. An estimate of the minimum body weight necessary for hedgehogs (*Erinaceus. europaeus* L) to survive hibernation. Journal of Zoology, 203: 291-294.

N

Neal, E. & Cheeseman, C. - 1996. Badgers. London: Poyser.

Neuhaus, P. - 2003. Parasite removal and its impact on litter size and body condition in Columbian ground squirrels (*Spermophilus columbianus*). Proceedings of the Royal Society of London. Series B: Biological Sciences, 270: 213-215.

Neveu, H., Hafen, T., Zimmermann, E. & Rumpler, Y. - 1998. Comparison of the genetic diversity of wild and captive groups of *Microcebus murinus* using the random amplified polymorphic DNA method. Folia Primatologica, 69: 127-135.

Neveu, H., Montagnon, D. & Rumpler, Y. - 1996. Paternity discrimination in four prosimian species by the Random Amplified Polymorphic DNA method. Folia Primatologica, 67: 157-162.

Nilon CH & Pais RC. - 1997. Terrestrial vertebrates in urban ecosystems: developing hypotheses for the Gwynns Falls Watershed in Baltimore, Maryland. Urban Ecosystems, 1: 247–57

Nördstrom, S.- 1975. Seasonal activity of lumbricids in southern Sweden. Oïkos, 26:307-315.

O

Oke TR. - 1995. The heat island of the urban boundary layer: characteristics, causes and effects. Pp. 81–107 *in* "Wind Climate in Cities", JE Cermak ed., Netherlands, Kluwer Academy.

P

Page, V. - 2001. Le hérisson, emblème d'une nature réhabilitée. Thèse de doctorat vétérinaire. Nantes.

Pagh, S. - 2008. The history of urban foxes in Aarhus and Copenhagen, Denmark. Lutra, 51(1): 51-55

Parker, T.S. - 2006. Habitat and landscape characteristics that influence population density and behavior of gray squirrels in urban areas. PhD Thesis.

Paul M.J., Meyer J.L.- 2001. Riverine ecosystems in an urban landscape. Annual Review of Ecological and Systematics, 32: 333-365

Penland, S. - 1987. Attitude of urban resident toward avian species and species' attributes. Pp. 77-82 *in* "Integrating man and nature in the metropolitan environment", Adams, L. W. & Leedy, D.L., eds., National Institute for Urban Wildlife, Columbia, MD.

Perret, J.-L., Guigoz, E., Rais, O. & Gern, L. - 2000. Influence of saturation deficit and temperature on *Ixodes ricinus* tick questing activity in a Lyme borreliosis-endemic area (Switzerland). Parasitology Research, 86: 554–557.

Pickett, S.T.A., Cadenasso, M.L., Grove, J.M., Nilon, C.H., Pouyat, R.V., Zipperer, W.C. & Costanza, R. - 2001. Urban ecological systems: linking terrestrial, ecological, physical, and socioeconomic components of metropolitan areas. Annual Review of Ecology, 32: 127-157.

Pickett, S.T.A. & Cadenasso, M.L. - 2008. Altered resources, disturbance and heterogeneity: a framework for comparing urban and non-urban soils. Urban Ecosystems, online first.

Pouyat R.V. & McDonnell M.J. - 1991. Heavy metal accumulation in forest soils along an urban to rural gradient in southern NY, USA. Water, Air and Soil Pollution, 57–58: 797–807.

Pouyat R.V., McDonnell M.J. & Pickett S.T.A. - 1995. Soil characteristics of oak stands along an urban-rural land-use gradient. Journal of Environmental Quality, 24: 516–526

Pouyat R.V., Yesilonis I.D., Russell-Anelli J. & Neerchal N.K. - 2007. Soil chemical and physical properties that differentiate urban land-use and cover types. Soil Science Society American Journal, 71: 1010–1019

Prange, S., Gehrt, S.D. & Wiggers, E.P. - 2004. Demographic factors contributing to high raccoon densities in urban landscapes. Journal of Wildlife Management, 67: 324-333.

R

Raimbault, G. - 1996. Effet des sols et sous-sol urbains sur le devenir des eaux pluviales. Bulletin des Laboratoires des Ponts et Chaussées, 202: 71-78.

Rebele F. - 1994. Urban ecology and special features of urban ecosystems. Global Ecology and Biogeogaphy Letter, 4: 173–87

Reeve, N. J. - 1981. A field study of the hedgehog (*Erinaceus europaeus*) with particular reference to movements and behaviour. PhD Thesis, University of London, London, UK.

Reeve, N.J. - 1982. The home range of the hedgehog as revealed by a radio tracking study. Symposium of the Zoological Society London, 49: 207-230.

Reeve, N.J. - 1994. Hedgehogs. Poyser, London.

Reeve, N.J. & Huijser, M.P. - 1999. Mortality factors affecting wild hedgehogs: A study of records from wildlife rescue centres. Lutra, 42: 7-24.

Riley, S.P.D., Hadidian, J. & Manski, D.A. - 1998. Population density, survival and rabies in raccoons in an urban national park. Canadian Journal of Zoology, 76: 1153-1164.

Robinson, N.A. & Marks, C.A. - 2001. Genetic structure and dispersal of red foxes (*Vulpes vulpes*) in urban Melbourne. Australian Journal of Zoology, 49: 589-601.

S

Saboureau, M. - 1979. Cycle annuel du fonctionnement testiculaire du hérisson (*Erinaceus europaeus L.*). Sa régulation par les facteurs externes et internes. Thèse de Doctorat ès Sciences, Université de tours.

Saboureau, M. - 1986. Hibernation in the Hedgehog: influence of external and internal factors. Pp 253-263 *in* Proceedings of the Seventh International Symposium on Natural Mammalian Hibernation. "Living in the cold - Physiological and biochemical adaptations". H.C. Heller, X.J. Musacchia, L.C.H. Wang, Eds., Elsevier New-York.

Sambrook, J., Fritsch, E.F. & Maniatis, T. - 1989. Molecular cloning: a laboratory manual. New York, Cold Spring Harbor Laboratory Press.

Schulte-Hostedde, A.I., Millar, J.S., & Hickling, G.J. - 2001. Evaluating body condition in small mammals. Canadian Journal of Zoology, 79: 1021-1029.

Shochat, E., Warren, P.S., Faeth, S.H., McIntyre, N.E. & Hope, D. - 2006. From patterns to emerging processes in mechanistic urban ecology. Trends in Ecology and Evolution, 21(4): 186-190

Simon, U., Kübler, S., & Böhner, J. - 2007. Analysis of breeding bird communities along an urban-rural gradient in Berlin, Germany, by Hasse Diagram Technique. Urban Ecosystems, 10: 17-28.

Somers, L. & Verhagen, R. - 1999. Winter mortality and traffic victims in a hedgehog population (abstract). Lutra, 42: 37-38.

Stearns, F.W. - 1971. Urban botany - an essay on survival. University of Wisconsin Field Station Bulletin, 4: 1-6.

Sternberg, M. - 2001. Terrestrial gastropods and experimental climate change: A field study in a calcareous grassland. Ecological research, 15(1): 73-81

Stocker, L. - 1987. The complete hedgehog. London, Chatto& Windus

Stockwell, C.A. & Weeks, S.C. - 1999. Translocations and rapid evolutionary responses in recently established populations of Western mosquitofish (*Gambusia affinis*). Animal Conservation, 2:103-110.

Storm, G.L., Andrews, R.D., Phillips, R.L., Bishop, R.A., Siniff, D.B. & Tester, J.R. - 1976. Morphology, reproduction, dispersal, and mortality of midwestern red fox populations. Wildl. Monogr., 49: 82 p.

T

Thompson, B. & McLachlan, S. - 2007. The effects of urbanization on ant communities and myrmecochory in Manitoba, Canada. Urban Ecosystems, 10: 43-52.

Tjallingii, S.P. - 2000. Ecology on the edge: Landscape and ecology between town and country. Landscape and Urban Planning, 48: 103-119.

Tomialojc, L. - 1982. Synurbanization of birds and the prey-predator relations. Pages 131-137 in M. Luniak and B. Pisarski, editors. Animals in Urban Environment: Proceedings of Symposium Warszawa-Jablonna (Wroclaw, 1979). Wroclaw, Poland.

U

United Nations - 2007. Population division of the department of economic and social affairs of the United Nations secretariat, World population prospects: the 2007 revision and world urbanization prospects.

V

Vignault, M.P. & Saboureau, M. - 1993. Rythmes d'activité chez le Hérisson au cours de l'hibernation. Revue d'Écologie (Terre et Vie), 48 : 109-119.

Vitousek PM, Aber JD, Howarth RW, Likens GE, Matson PA, Schindler DW, Schlesinger WH & Tilman DG – 1997. Human alteration of the global nitrogen cycle: sources and consequences. Ecological Applications, 7:737–750

W

Wandeler, P., Funk, S.M., Largiadér, C.R., Glor, S. & Breitenmoser, U. - 2003. The city-fox phenomenon: genetic consequences of a recent colonization of urban habitat. Molecular Ecology, 12: 647-656.

Ward, A. – 2007. Project WM0304. Development of a strategy for resolving urban badger damage problems. CSL Final Report. www.defra.gov.uk.

Welsh, J. & McClelland, M. - 1990. Fingerprinting genomes using PCR with arbitrary primers. Nucleic Acids Research, 18: 7213-7218.

Wetterer J.K. - 1997. Urban ecology. Encyclopedia of Environmental Sciences. New York, Chapman & Hall.

Whitcomb, R.F., Robbins, C.S., Lynch, J.F., Whitcomb, B.L., Klimiewica, M.K. & Bystrak, D. - 1981. Pp 125–206 *in* "Forest Island Dynamics in Man-Dominated Landscapes", Sharpe DM, eds, New York Burgess RL, Springer-Verlag.

White, G.C. & Burnham, K.P. - 1999. Program MARK: survival estimation from populations of marked animals. Bird Study, 46:S120–138.

Williams, J.G.K., Kubelik, A.R., Livak, K.J., Rafalski, J.A. & Tingey, S.V. - 1990. DNA polymorphisms amplified by arbitrary primers are useful as genetic markers. Nucleic Acids Research, 18: 6531 - 6535.

Williams, J.G.K., Hanafey, M.K., Rafalski, J.A. & Tingey, S.V. - 1993. Genetic analysis using random amplified polymorphic DNA markers. Methods in Enzymology, 218: 704-741.

Willis, J.C., Bohan, D.A., Choi, Y.H., Conrad, K.F. & Semenov, M.A. - 2006. Use of an individual-based model to forecast the effect of climate change on the dynamics, abundance and geographical range of the pest slug *Deroceras reticulatum*. Global Change Biology, 12: 1643–1657.

Wroot, A.J. - 1984. Feeding ecology of the European hedgehogs *Erinaceus europaeus* L. PhD. Thesis, University of London, Royal Holloway College, London, UK.

Y

Yalden, D.W. - 1976. The food of the hedgehog in England. Acta Theriologica, 21: 401-424

Yeh, P. - 2004. Rapid evolution of a sexually selected trait following population establishment in a novel habitat. Evolution, 58: 166-174.

Young, R.A. - 1976. Fat, Energy and Mammalian Survival. American Zoologist, 16: 699-710.

Oui, je veux morebooks!

i want morebooks!

Buy your books fast and straightforward online - at one of world's fastest growing online book stores! Environmentally sound due to Print-on-Demand technologies.

Buy your books online at
www.get-morebooks.com

Achetez vos livres en ligne, vite et bien, sur l'une des librairies en ligne les plus performantes au monde!
En protégeant nos ressources et notre environnement grâce à l'impression à la demande.

La librairie en ligne pour acheter plus vite
www.morebooks.fr

VDM Verlagsservicegesellschaft mbH
Heinrich-Böcking-Str. 6-8   Telefon: +49 681 3720 174   info@vdm-vsg.de
D - 66121 Saarbrücken   Telefax: +49 681 3720 1749   www.vdm-vsg.de

Printed by Books on Demand GmbH, Norderstedt / Germany